U0115823

中國
花木民俗文化

上冊

目　錄

中國是花木之鄉

　　花木文化，其實就是生態文化、生活文化。它與人們的生產、生活息息相關，緊密相聯。大凡人們的衣食住行、節日慶典、婚姻禮俗……無不與花木密切聯繫在一起，花木已成為人們不可或缺的親密伴友。試想，假若我們的生活沒有了花木，那將是一個多麼暗淡、淒涼、可怕的世界。因此可以說，沒有花木就沒有人類、沒有世界。

　　中國花木歷史悠久，源遠流長。中華民族的繁衍和發展與花木有著特殊的關係，在中國古遺址發掘中已發現 7000 多年前的桃核，華夏民族的圖騰柱上，就已刻有先祖們對花木的尊崇和讚美；我們的智慧先祖神農親嘗百草，以解決人們的飲食和病痛問題，便有了取之不盡的食物和藥物之源；商、周時代，先民們已開始知道簪花、食花、飾花，祭祀時有綵花船、花車、花屋，跳花舞的習俗；中國第一部詩歌總集《詩經》中幾乎篇篇與花木有關，書中所記花木已達 150 多種；中國歷代文人賢士李白、杜甫、白居易、蘇軾、陸游……甚至中國革命前輩周恩來、朱德、陳毅無不愛花、種花、讚花，與花木為伍、為友、為伴。是花木滋養了華夏民族，是花木培育了中華名士，是花木張揚了中華美德。

中國人對花木情感深厚、獨特。僅從我們中華民族稱為「華夏」就可以看出端倪。華者，花也；夏者，大也。華夏，即指大花、美花、有文采之花。我們的先祖從來不把花木看做外在的自然物，認為花木與人一樣是有靈性、有生命的活物。他們還認為宇宙間有三種活物：人、花木、禽獸。三者之間並無等級高低之分，他們都是天、地的產物，區別僅在於「人順生，草木倒生，禽獸橫生」。所以，我們的先祖與花木和諧友愛、親密相處。他們寧可食無肉，行無車，寢無席，但不可生活中無花木。我們再從古人給花木命名來看，就可瞭解到人們與花木的親密關係，如空谷佳人、玉美人、睡美人、淩波仙子、翠蓋佳人、雅客、韻友、密友、好女兒、美人蕉、君子蘭、十二友、十二師、十八學士，等等。這些也說明了人們對花木的尊崇和友好關係。

儒、道、釋對中國影響深遠，從古代典籍和文學作品中還可以看出，古人認為花木具有神靈之氣，於是產生了很多花仙木神。他們把一些喜愛的花木看做神，把神比做花木，把那些高賢人物、美好事物、高尚品質、崇高人格都寄寓在這些花仙木神之中，並賦予其更豐富多彩的意蘊和更深厚的文化內涵。

近年來，人們的生活水準逐漸提高，對花木的情感和愛好也日益加深，現在誰家不栽種幾盆花卉，以點綴美化生活，增加生活情趣？《中國花木民俗文化》正是為適應人們的生活需要而出版的。本書在編寫中突出了以下四大特色：

一、彰顯中國特色

中國花木歷史悠久，文化深厚，可以說中國是花木之鄉。本書中所收花

木多為中國所產，即使書中有些花木後來是從國外引入，也已在中國繁衍生長有千年以上的歷史，後又經過中國勞動人民的辛勤培育和改良，已經深深紮根於中國沃土中，而對於那些引入中國不足千年的花木均未收入。如原產於墨西哥的大理（麗）花，原產於非洲的君子蘭等。

二、民俗文化豐厚

花木與人們的生產、生活和民俗緊密相聯，可以說沒有花木就沒有中國民俗文化。書中正是結合與花木相關的民俗風情、民間傳說故事、花仙木神、節日習俗、民謠俚語等民間文化，使這些花木意象內涵更深厚，突顯了花木與人類的密切關係。本書除了可以增加人們的花木知識外，也會讓人們更加熱愛花木、熱愛生活、熱愛社會、熱愛大自然。

三、閱讀情趣濃鬱

花木類圖書過去出版過一些，但多為栽培技術和插花藝術方面的，而且均以敘述語言介紹花木方面的科技知識，讀時顯得有些呆板枯燥。而本書則側重於花木民俗文化方面，並串入相關花木的名人逸事、歷史典故、詩詞歌賦等。為使本書閱讀時給人以美的文化藝術享受，文章不拘體格形式，採用散文詩的筆法，並配有與內容相關的圖畫，圖文並茂，讀來給人以靈活輕鬆、情趣盎然之感。

四、內容豐富多彩

本書中不僅對每種花木的起源、歷史、演變追根溯源，並且對這些花木的生長特性、花色品種、形態、性狀、食用、藥用、實用價值、栽培情況等方面也都加以簡要介紹，讓人們對這些花木都有所瞭解。

本書後還附有《以花表意的花語》、《花木的雅稱與並稱》、《「花友」與

花客》、《花品》、《贈花與表意》、《二十四番花信風》、《十二月花令》、《十二月花神》、《十二月花兒歌》、《花木與節日民俗》、《中國各省（自治區、市）花一覽表》、《世界各國國花一覽表》等。可以說本書是一本熔知識性、文化性、資料性、民族性、歷史性、研究性於一爐的中國花木小百科全書。

　　另外，筆者曾專業學習過幾年園林藝術，後來又到園藝廠當過技術員，對花木和花木文化有濃厚興趣。書中對中國花木的歷史進行了挖掘和探索，從這些花木的史料和別稱中發現了有些花木並非像過去人們認為的那樣，是從外國引入的，而是最早產於中國，只是名稱叫法不同而已。由此，也增加了本書的研究性。因這僅為一家之言，還有待於專家們去探究、考訂。本書在編寫時得到民俗專家高天星、喬臺山等先生的指導，並由李冉、鄭潔作了精美插圖，在此一併致謝！由於筆者知識淺薄，文字所限，難以滿足廣大讀者的需求，有疏漏或錯誤之處，敬請專家和廣大讀者批評指正。

作者

疏影橫斜水清淺
——趣話梅花

> 眾芳搖落獨暄妍，占盡風情向小園。
>
> 疏影橫斜水清淺，暗香浮動月黃昏。
>
> 霜禽欲下先偷眼，粉蝶如知合斷魂。
>
> 幸有微吟可相狎，不須檀板共金樽。

這是北宋詩人林逋所寫的《山園小梅》詩二首中的第二首，極寫了梅花的姿態和梅花的清幽。特別是詩中的「疏影橫斜水清淺，暗香浮動月黃昏」一句，更是成為寫梅的千古名句，後世文人墨客無不讚歎。

林逋世稱和靖先生。他生性奇俊，超凡脫俗，終生不願做官，亦未婚配，隱居在杭州西湖孤山，過著以梅為妻、養鶴為子的清閒優雅的生活（人稱「梅妻鶴子」），受到古代士人的追慕。

林和靖喜梅、愛梅、植梅、詠梅，最得梅之神韻，可以說他已和梅花融為一體，所以，他一生有很多詠梅佳句傳世。因此，林逋也被世人推舉為梅花男神。

梅花屬薔薇科落葉小喬木，是中國特有的名花，原產中國，已有 4000 多年的歷史。早在周代，就有了關於梅的記載。中國第一部詩歌總集《詩經・國風・摽有梅》中就記有當時男女青年追求愛情的風俗。詩中寫：「摽有梅，其實七兮！求我庶士，迨其吉兮！」這句詩是說，樹上的梅子紛紛落下，還剩下十分之七；追求我的小夥子啊，不要錯過這良辰吉時！這是一位年輕女

子借梅子的成熟期短暫，來告誡追求她的男子要珍惜大好青春時光，抒發了她對愛情的渴望。

最初植梅花不為觀賞，僅為採果作調味品。孔子修訂的《書經》中曰：「若作和羹，爾唯鹽梅。」當時梅和食鹽同等重要，常作禮品饋贈親友。漢朝初年，已把梅作調味品，又作為觀賞花卉來栽培。南北朝時，南京就已廣植梅作觀賞用，唐代杭州西湖孤山的梅花已馳名。宋代是中國植梅最繁盛時期，詩人范成大不僅愛梅、種梅、詠梅，寫有大量詠梅詩篇，還寫了一部《梅譜》，這是中國也是世界上最早的一部梅花專著。當時《梅譜》僅記載有9個品種，後來經過歷代勞動人民的辛苦培育，現已發展到200多個品種。

賞梅也有技巧和標準，重在「三美」「四貴」。「三美」為：以曲為美，直則無姿；以敧為美，正則無景；以疏為美，密則無態。「四貴」為：貴稀不貴密，貴老不貴嫩，貴瘦不貴肥，貴含不貴開。在梅花的盆景製作上則多取古、奇、枯，注重的是「橫斜疏瘦與老杈怪奇」，以求得詩情畫意的境界。

梅生命力極強，壽命特長，現存有千年古梅，如浙江天台山國清寺大殿左有一株隋梅，已有近1500年歷史；雲南昆明黑龍潭公園有一株唐梅；杭州超山有一株800多年的宋梅；雲南昆明曹溪寺內有一株元梅。這些梅樹雖已壽長千歲，仍蒼勁挺拔，生機盎然，年年迎霜鬥雪開放。

花即人，人即花。由於梅花的傲霜鬥雪、不畏嚴寒的特性正象徵了人的崇高堅貞品格，所以很得歷代名人賢士、文人墨客的崇尚和詠贊。

宋代為中國植梅的鼎盛時期，此時的詠梅詩詞最多，蘇軾、王安石、歐陽修、秦觀、陸游、范成大等詩壇名家，都有詠梅詩詞流傳後世，僅陸游一人就寫有160多首詠梅詩詞。

陸游一生十分喜愛梅花，因為梅花在他眼裏性格剛毅堅強、不懼冰雪嚴霜，所以，他讚美梅花是「花中氣節最高堅」。

陸游是中國偉大的愛國主義詩人。乾道二年（1166 年），陸游由於反對宋王朝的妥協投降，積極主張抗金，那些主張投降的官員都對他造謠污衊，給他加上「不拘禮法」、「宴飲頹放」等一些莫須有的罪名，使陸游遭到罷免，陸遊觀梅僅能領取一點薪俸。

在一個冬天的黃昏，天色灰暗，細雨迷蒙，雨中還夾著小雪粒，十分寒冷。陸游來到一座已破舊失修的驛站旁邊，忽然發現驛站外面的斷橋邊正盛開著一株孤獨的梅花，卻沒有一個人來欣賞它，顯得格外淒涼、冷清。然而這株梅花傲雪迎風，依然獨自吐著芬芳，散發出一陣陣幽香。陸游看著這雪中孤零零的梅花，心潮翻滾，久久不能平靜。他想這株梅花不正像我一樣嗎？此情此景，不也正和自己的遭遇和心境相映嗎？陸游轉身走回自己的住處，在淡淡的燈光下提筆寫下《卜運算元》詞一首：

> 驛外斷橋邊，寂寞開無主。已是黃昏獨自愁，更著風和雨。
> 無意苦爭春，一任群芳妒。零落成泥碾作塵，只有香如故。

詞寫好後，陸游拿起詞稿，反覆地吟詠著。窗外，風雪依舊；屋內，燈影孤零。

陸游越讀越感到孤獨、悲涼和激憤，想到國破山河碎，自己卻「報國欲死無戰場」（《隴頭水》）。但是無奈和哀怨也難澆熄陸游的愛國激情，他仍然抱著「壯心未與年俱老，死去猶能作鬼雄」（《書憤》）的報國壯志，要與梅

花一樣，「無意苦爭春，一任群芳妒」。即使是「零落成泥碾作塵」，也依然要「香如故」，永吐芬芳。

元代畫家、詩人王冕也非常喜愛梅花。他出身農家，幼年貧困，自力苦學，遂有成就。因屢試不中，晚年隱居於會稽（今浙江紹興），因其愛梅、植梅、詠梅、畫梅，自號為「梅花屋主」。他曾畫有一幅《墨梅》圖，並在圖上題詩一首：

> 我家洗硯池頭樹，朵朵花開淡墨痕。
>
> 不要人誇顏色好，只留清氣滿乾坤。

該詩極通俗明白，不僅畫出和寫出墨梅的素雅天姿，而且寄寓了詩人潔身自好的操守，可以說是詩人畫家的自我寫照。

梅花又稱中國花，古人認為梅有「四德」：「初生為元，開花如亨，結子為利，成熟為貞。」所以中國人酷愛梅花，喜上眉梢愛她超凡脫俗的風格，愛她清雅宜人的幽香，愛她俏麗動人的身姿，更愛她不畏風雪、堅貞高潔的品格。

梅花的崇高品格已經成為中華民族偉大精神的象徵。民間還把她作為吉祥物，受到人們的寵愛和敬奉。人們多喜把梅、松、竹稱為「歲寒三友」，把梅、蘭、竹、菊並稱為「花中四君子」。辛亥革命後還把梅花定為民國的國花，以她的五枚花瓣來象徵中國的漢、滿、蒙、回、藏五大民族的永遠團結。古人還把梅花的五瓣說成是快樂、幸福、長壽、順利、和平的五福象徵，可見，人們早已賦予梅花以深刻寓意和文化內涵。

梅花在眾芳搖落時獨佔春芳，民間還把梅花作為喜慶、吉祥的象徵。所以人們在婚慶大喜的日子，喜用竹梅和兩隻喜鵲的「竹梅雙喜」圖，以竹喻夫，梅喻妻，用來祝賀新婚之喜。還有在梅樹梢上畫一隻喜鵲在鳴唱，為「喜上眉梢」圖或「喜報早春」圖、「喜報春先」圖，把梅花和喜事聯繫在一起。

古人還常把梅花比做美女。據《龍城錄》載：隋代趙師雄在羅浮山下，遇到一位淡妝素服的美女，言極清麗，芳氣襲人，遂與共飲。趙師雄酒醉而眠，晨起一看，正在一株大梅樹下，於是趙師雄方悟所遇美人為梅花神。

梅花姿態清逸，芳香宜人，古代美女佳人常以梅花為飾物，稱為「梅花妝」。《金陵志》載：「宋武帝女壽陽公主臥於含章殿簷下，梅花落於額上，拂之不去，號梅花妝，宮人皆傚之。」

唐玄宗的寵妃江採，喜梅愛梅，植梅成林，以梅為飾，築亭賞梅，被稱為「梅妃」，她自以為是梅花的化身。因此，梅花後來又成為美女佳人的代稱。梅妃也成為梅花神。

因梅花的吉祥寓意，古人把梅花看做友情、友誼的象徵。南朝宋陸凱有一年早春，在荊州為官時，見寒梅早開，忽覺春回大地，便觸景生情，想起在長安寫《後漢書》的好友范曄，就折了一枝梅花，托郵驛傳贈范曄，並附詩一首云：

折梅逢驛使，寄與隴頭人。

江南無所有，聊贈一枝春。

　　自此，梅花又成為傳達友情的橋樑，也成為詩人高雅交往的方式。

　　相傳廣東大庾嶺上多梅花，有友至此，便折梅相贈，已成為一種風俗。南朝民歌也有「憶梅下西州，折梅寄江北」。那時男女相別，女子多折梅相寄，表達對情人的思念，更加深了梅花深情吉祥的內涵。

　　梅的用途也極多。食用梅是製作梅干、梅醋、梅酒、梅精等的原料。用梅製成的陳皮話梅可開胃；酸梅湯是清涼可口、解渴的飲料；用梅實薰製成有名的中藥烏梅，具有斂肺、生津、澀腸、安蛔的功效。另外對慢性腹瀉、痢疾、血痢、久咳不止等也有一定療效。根據人們的經驗，在燉老母雞時，加入幾枚青梅，雞肉易爛，湯更鮮美。梅樹的材質堅實而有彈性，是製作手杖和雕刻工藝品的上乘原料。另據科學檢測，梅對環境中的二氧化硫、二氧化氮、氟化氫、硫化氫、氨等有毒氣體有靈敏的監測力，是幫助人們監測環境污染的很好的監測員。

　　在北風凜冽、眾芳搖落的時節，那枝枝凌霜傲雪的梅花卻正朵朵綻放，給人們送來盎然春意，送來吉祥如意，難怪人們喜梅、愛梅、種梅、詠梅、畫梅。

空谷佳人報歲開
——趣話蘭花

　　新春佳節，室內養一盆報春蘭，碧葉修長，婀娜多姿，芬芳幽香，頓時會滿屋生春，確能為春節增添很多喜慶、吉祥、高雅的情趣。

　　蘭花是中國人民十分珍愛的傳統名卉之一。它那碧玉秀美的綠葉，娉婷俏麗的花柱，沁人心脾的幽香，在百花園中確無花可媲美，因此蘭花素來被稱為「香祖」，享有「王者之香」、「國香」、「花中君子」、「空谷佳人」、「天下第一香」之美譽。

　　蘭花是中國古老的名貴花卉之一，已有 2000 多年的栽培歷史。最早在《周易》中就有「二人同心，其利斷金；同心之言，其臭如蘭」的記載。這裏的「臭」，古代指香氣。《孔子家語》亦曰：「與善人居，如入芝蘭之室，久而不聞其香，即與之化矣。」《說苑》中稱：

　　「十步之內必有芳蘭。」偉大的愛國主義詩人屈原在《離騷》中以「紉秋蘭以為佩」，「浴蘭湯兮沐芳澤」，「余既滋蘭之九畹兮，又樹蕙之百畝」，等等，用蘭來比擬自己高潔的胸懷，抒發憂國憂民、鬱鬱不得志的悲憤之情。由此我們也可知，早在 2000 多年前人們就有佩蘭、浴蘭的驅邪祛毒之風俗。

　　蘭花屬蘭科蘭屬，係宿根性花卉。蘭科植物家族龐大，姊妹頗多，有700 多屬，2000 多種。按其生態習性，大致可分為地生蘭和氣生蘭兩種。中國是蘭花的原產地，約有 150 屬，1000 種之多。中國傳統栽培的蘭花屬於蘭屬地生蘭，稱中國蘭花。中國蘭花一般按花期分為春蘭、夏蘭、秋蘭和冬蘭四大類。

　　蘭可供觀葉賞花。賞蘭要從「氣清」、「色清」、「神清」、「韻清」這四個方面來品評。「清」既是高雅，也是蘭花的花語。所謂的「氣清」，即指蘭花的芬芳，以其清而不濁者為上。優質的蘭花，一花在室，清風過之，滿室芬芳，正像古人所言：「坐久不知香在室，推窗時有蝶飛來。」這是一種獨特清香之氣。所謂的「色清」，即指蘭花的顏色，蘭花以嫩綠、黃綠居多，而一

般人們崇尚白色的花，稱之為「素心」，為上品；若帶紅色者為「暈心」，或稱「彩心」，俗稱「蟲草」，為下品。所謂的「神清」，即指神態，是指蘭花的內在美，這像人的精神狀態，含意頗深，在於各人自會。所謂的「韻清」，即指蘭之全株的姿態，花葉協調勻稱，婀娜多姿，氣宇不俗。

觀蘭應先賞葉，蘭葉悠然自得，葉態優美，瀟灑自如。特別是沒有開花的時候，賞蘭主要就是觀葉，無怪乎古人十分珍愛蘭葉，許多詩人對蘭葉也多有讚賞。宋代張羽的《詠蘭葉》詩：「俗人那解此，看葉勝看花。」

蘭花以典雅高貴著稱，所以歷代文人墨客、丹青高手都喜蘭、植蘭、賞蘭、贊蘭、畫蘭。唐代著名詩人王維就喜歡養蘭，後人總結其植蘭經驗：「貯蘭用黃瓷斗，養以綺石，累年彌盛。」宋代詩人楊萬里也喜蘭、愛蘭、種蘭、詠蘭，他曾有不少詠蘭詩，如《蘭花》、《題蕙花初開》、《蘭畹》等。

蘭花是一種多年生的香草。中國很早就有在端午節沐蘭湯的習俗。《大戴禮・夏小正》云：「五月五日蓄蘭為沐浴。」南朝梁宗懍《荊楚歲時記》曰：「五月五日，謂之浴蘭節。」端午節，因沐浴蘭湯，又稱「浴蘭節」。

到了宋代，端午節沐蘭湯更為盛行。清人董元愷《清平樂・詠菖蒲葫蘆》詞云：「共喜蘭湯浴罷，攜來倍覺芬芳。」描繪出端午時沐蘭湯浴的好處、快感和風俗。蘭湯即是用蘭熬製成的湯水，相傳端午節時用蘭湯洗浴具有消毒避邪、除病驅瘟的作用。從衛生健康的角度來講，這也確有一定的科學道理。所以，人們把蘭作為吉祥物。

蘭花芬芳幽香，清豔含嬌，深受人們的喜愛。更重要的是蘭高潔、慎獨、不媚俗的品質，使它有了更深厚的文化內涵，受到人們的推崇和讚賞。人們還把蘭花作為我們民族的堅貞、美好、高潔的精神象徵。屈原在《楚辭》

中就多以蘭來喻君子之德。大聖人孔子曾讚美蘭曰：「芝蘭生於空谷，不以無人而不芳。」人們還把它與梅、菊、屈原以蘭抒發情懷竹合稱為「四君子」，把它看做是高潔、典雅的象徵。

古今都有人愛蘭成癖，有專畫蘭的名家傳世。宋末畫家鄭思肖善畫墨蘭，筆法獨特。南宋滅亡後，元朝統治者為附庸風雅，重金請他畫蘭，被他嚴詞拒絕，表現了他潔身自好，不為金錢所動、不向權勢妥協的高尚精神。

他還有個怪脾氣，雖然很多人都想得到他畫的墨蘭，他卻從不把自己的畫隨便給人。有一次，一個地方官員想得到他的墨蘭，便用強徵田賦徭役的辦法來逼他。鄭思肖卻憤怒地說：「頭可斷，蘭畫不可給。」表現了畫家與蘭一樣的高潔品格。

鄭思肖所畫的蘭花根須都露在外面，人們不知其緣由，便問鄭思肖。鄭思肖回答說：「如今這世道乾乾淨淨的土地都給弄髒了，蘭花高潔幽雅，怎能生於這骯髒的地上呢？」大家這才明白：鄭思肖是借畫蘭花，來表達對現實社會的不滿和抒發自己「不以無人而不芳」的高貴胸懷。

鄭板橋也是愛蘭者，他種蘭、畫蘭，有多首讚美蘭、竹的詩詞。他在《蘭竹圖》中就曾寫道：「石畔青青竹數竿，傍添瑞草是幽蘭。」他還有一首《破盆蘭花》詩很獨特，詩曰：

春風春雨洗妙顏，一辭瓊島到人間。

而今究竟無知己，打破烏盆更入山。

蘭花種在好端端的盆裏，鄭板橋為什麼要把盆打破呢？讀該詩就可看

出，蘭花經春風春雨的洗禮，妙顏動人。它離開僊人居住的島嶼來到人間，哪知人間沒有知己，只好把烏盆打破，自己再回到山野去過清淡的日子。鄭板橋把蘭花擬人化，實際是在吐露心聲，抒發情感。鄭板橋過去曾畫過畫，後來考中進士當了知縣，勤政為民。可是，污濁的官場不容他，於是他罷官又回到家鄉揚州，再以賣畫為生。這是詩人借寫蘭花，表達自己掙脫官場樊籠的決心和追求自由平民生活的嚮往。

　　人們愛蘭、贊蘭，所以也常用蘭來比喻美好的事物。如把知心朋友稱「蘭交」，把情投意合的言論稱「蘭言」，把情意相投稱「蘭味」，把婦女高雅嫻靜的品性美稱為「蘭心蕙質」，把高風美德雅稱為「蘭芝」，把美好的時光稱「蘭時」，把真摯、純潔的友誼稱為「蘭誼」，把互相交換的譜帖稱為「蘭譜」，把朋友相契結為兄弟稱為「金蘭結拜」，把他人書信美稱「蘭訊」，把高雅居室稱「蘭室」，把婦女所居之室雅稱「蘭房」，把讚美他人的華美文辭和書法美稱「蘭章」，把優美的文辭雅稱「蘭藻」，等等。此外還有蘭花木雕「蘭夢」、「蘭兆」等。據《左傳》載：鄭文公有個叫小燕姑的小妾，夢見僊人送給她一朵蘭花，後來生下穆公，便取名為蘭，這就是「蘭夢」的由來，後由此衍生出懷孕生子為「蘭兆」。因蘭有高雅的品性，人們也多希望子孫具有如蘭之質的稟賦。後人把蘭與桂轉指子孫，故子孫發達，謂之「蘭桂騰芳」。

　　蘭作為吉祥物受人喜愛，貴在其香，因蘭之香「幽香清遠，馥郁襲衣，彌旬不歇」（《群芳譜》），故蘭有「王者香」、「香祖」之稱。據《孔子家語》載：孔子從衛國返魯國途中，見幽谷之中蘭香獨茂，喟然歎曰：「蘭當為王者香。」所以，後人稱蘭為「王者香」。《群芳譜》還云：「以蘭為香祖，又雲蘭

無偶，稱為『第一香』。」

因蘭之香氣馥郁，故有逐蠹蟲、闢不祥之說。先秦時期，鄭國人即有佩戴蘭之綠葉、紫莖、潔花之習俗，稱之為「秉蘭辟邪」。屈原《離騷》也言蘭綠葉、紫莖、素枝，可紉、可佩、可藉、可膏、可浴。《西京雜記》記有漢時池苑種蘭以降神，或雜粉藏衣裳、書籍中驅避蠹蟲。唐時江南人家多種蘭，夏月採置髮中，頭不生屑。因蘭香、姿、德、品俱佳，所以，傳統吉祥圖案中也常繪蘭花，把蘭花和桂花繪於一起的紋圖為「蘭桂齊芳」，喻子孫發達、家業興旺。此外，還有繪蘭的「五瑞圖」、「君子之交」等，也是以蘭入圖喻義。以蘭為題材的吉祥圖案在民間運用極廣，說明了蘭是人們深愛的吉祥之物。

蘭花姿色清秀，幽香高雅，可是人們普遍認為蘭花難養。因為蘭花生於深山幽谷，與野草為伍，但是它並非嬌柔弱小，只要瞭解了蘭花的自然生長習性，養起來還是不太困難的。蘭花喜陰，盆栽的蘭花應放置在向北的陽臺陰涼處。根據盆栽蘭花對光照的要求，古人總結出「愛朝陽，避夕陽。喜陰暖，畏寒冷」，「春不出，夏不日，秋不乾，冬不濕」的戒律，這是有科學道理的。

盆栽蘭花忌葷喜素，最忌人畜糞，喜用腐殖土。蘭花根易於萌芽，多採用分株的方法，分株時儘量使每株有老苗、新苗和幼芽，達到「祖孫同堂」，不要使肉質根折斷。蘭花千萬不要放有煙處，煙一燻花便凋謝。

蘭花除觀賞外，還有藥用價值。春蘭、夏蘭、建蘭均可入藥，而以建蘭入藥最多，且一身是寶。建蘭花具有理氣、寬中、明目的功效，可治久咳、胸悶、腹瀉、青盲內障等。建蘭葉具有清熱、涼血、理氣、利濕的功效，用

於治療咳嗽、肺癰、花中君子咯血吐血、白濁、白帶、瘡毒、疔腫等。建蘭根有順氣、和血、利濕、消腫的功效。此外，蘭花還是抗污染花卉。

「蘭在幽林亦自芳」，蘭花的清幽高雅，雍容大方，芬芳四溢，沒有哪一種花可與比擬。因此人們把明代女詩人、蘭花花神馬守真畫家馬守真評為蘭花花神。馬守真，號湘蘭，金陵（今南京）人。她善畫蘭、竹，尤長於畫蘭花，當時著名文人王稚登評贊她說：「畫蘭最善，得趙吳興（趙孟堅）、文待詔（文徵明）三昧。」她畫蘭瀟灑恬雅，別具風韻，時有「蘭仙」之美名。

蘭花深藏山谷之中，有如僧者超塵絕俗、隱士埋名避世的清雅淡泊。歷代文人墨客愛慕蘭花，正因為蘭花抱芳守節、堅貞灑脫、不媚世俗的品格，蘭花也因而贏得「花中君子」的雅號。

帶雪沖寒折嫩黃
——趣話迎春花

新春佳節剛過，還是寒氣料峭的早春時節，在公園或花圃之中，那簇簇纖枝披拂、婀娜多姿、迎寒競放的一串串黃花，已向人們傳遞來春天的好消息，那就是迎春花。

迎春花，多麼美麗、動人、有魅力的名字！她用盛開的鮮花擁抱春天，迎接春天的到來，是春之使者，春之女神。

「百卉前頭第一芳。」因迎春花於春首先百花而開放，故名。中國是迎春花的故鄉，原生於高山岩石和山野之間，後被移入庭園、籬邊栽種，成為人

們喜愛栽種的花卉。

迎春花屬木樨科落葉灌木，叢生，枝條細長，紛披下垂，先花後葉。初春時枝條上爆出一朵朵小黃花，花朵六裂，形似一個個小金鐘，因此，人們又稱它為「金鐘花」。迎春花，花色似金，綴滿枝條，像一條條金色帶子，故又稱其為「金腰帶」。

關于迎春花稱「金腰帶」，還有一段感人肺腑的神話傳說故事呢！

遠古時候，大地經常洪水成災，老百姓苦不堪言。帝王舜便命大臣鯀帶領人們治理洪水，可是鯀治了幾年怎麼也治不了，並且洪水越來越氾濫。後來鯀死了，他的兒子禹又繼承父志，帶領人們治理洪水。

有一次，禹在塗山查水路時摔下山，一位叫迎春的姑娘發現後救了他，治好了他的傷。禹很是感激，兩人也產生了感情，並訂下了終身。禹傷好後，又要去查水路，尋找治理洪水的辦法。迎春姑娘送了一程又一程，一直戀戀不捨。迎春姑娘送了一段路程，禹讓她回去，並把係在腰上的一條金色腰帶解下來送給迎春姑娘說：「你回去吧，等我治好了洪水，一定會回來的。」

禹轉戰九州，三過家門而不入。他帶領人們疏通河道，治理洪水，幾年後，百姓安居樂業。

春天來了，萬物復蘇，禹高興地想趕回家與自己心愛的妻子團聚。當他快到家時，遠遠看見家門口迎春姑娘正向他招手。他高興地奔跑到迎春姑娘跟前一看，啊，迎春姑娘怎麼成了一尊石像！禹頓時淚流滿面，心如刀割。

原來是禹走後，迎春姑娘不管颳風下雨、天寒地凍，一年四季都在家門口盼著禹回來。等啊，等啊，冬去春來，一去幾年，一直不見禹回來。天長

日久，迎春姑娘變成了一尊石像，頭髮長成一簇簇披拂的枝條。

禹見自己心愛的姑娘為盼自己回來竟變成了石頭，就撲在石頭上痛哭，淚水落在枝條上，一會兒開出了一朵朵金黃色的六瓣小花兒，那一枝枝柔條像一條條金色的腰帶在飄拂。因姑娘名迎春，從此，人們為紀念這位姑娘就叫這花為「迎春花」。因那一條條迎春花枝像一條條金色的腰帶，又稱其為「金腰帶」。

迎春花小巧玲瓏，綠條纖長，帶雪沖寒，最早為人們揭開春天的帷幕，迎來一個萬紫千紅、百花齊放的春天。但它絕不孤芳自賞，自我炫耀，與百花一起為人間共吐芬芳，表現了迎春花柔弱中蘊藏著剛毅、堅強、無私的性格和品德，故唐代大詩人白居易在他的一首《玩迎春花贈楊郎中》詩中贊道：

金英翠萼帶春寒，黃色花中有幾般？
憑君與向遊人道，莫作蔓菁花眼開。

詩中寫出了迎春花迎寒而放，開金花，帶綠萼，世上有哪些黃色花能與此相比，並勸告世人不要把迎春花當一般的蔓菁（即蕪菁，俗名大頭菜，開黃花）來看待，寫出了迎春花非同一般的高雅品格。

其實，世上很多東西都容易混淆。春天，當迎春花盛開時，也有一種花與它同時開放，在枝上開滿金黃色小花，與迎春花很相似。如果你細心觀察就會發現二者是有區別的。

這種與迎春花相似的花稱為連翹，也有人稱為探春。從花形上來看，迎

春花花冠為六裂，花片向上張開；而連翹花冠為四裂，花片向外平展，正像
一隻隻雛鳥，翹翅欲飛，故名連翹。再從枝干上來看，迎春花幼枝呈綠色，
為四棱形，柔軟細長；《紅樓夢》中的迎春而連翹枝條則四棱形不明顯，皮色
綠褐色，枝條粗硬，拱曲而彎。另外，迎春花只開花不結果，在民間是常用
草藥，葉可解毒、消腫、止血，治療跌打損傷、癰癤腫毒等症，花有解熱、
發汗、利尿之功效。連翹到秋季結狹卵形蒴果，是著名的中藥，可清熱解
毒、消腫解瘀，主治外感熱病，是中成藥銀翹解毒丸的主要成分。

關于迎春花與探春花的辨別，會使人立即聯想到曹雪芹《紅樓夢》中所
描寫的迎春和探春二位女子的可憐、可歎的命運。迎春因誤嫁「中山狼」，還
正是青春花開時就香消玉殞了，而探春卻遠嫁南國藩王，凋謝南疆。由此可
見，中國明代文學大師曹雪芹，以花喻人的匠心。

迎春花生長力、適應性極強，得土即活，繁殖極易。中國大江南北均有
栽植。梅雨時節剪枝插入土中即活。迎春花宜栽於高燥之地，如果在水池
邊、石罅、牆隅栽植，花開時節，頗為美觀。

迎春花亦可盆栽，時加修剪，枝條四垂，呈懸崖形，合迎春花之本性。
明代王世懋就曾得一迎春花盆景，他在《學圃雜疏·花疏》中就記有：「迎春
花雖草木，最先點綴春色，亦不可廢。余得一盆景，結屈老幹天然。得之嘉
定唐少谷，人以為寶。」迎春花盆景以老根外露，天然盤曲為美。如果你養
有一盆迎春花盆景，待春節花開時，確為歲朝清供之上品。

唯有山茶偏耐久
——趣話山茶花

東園三日雨兼風，桃李飄零掃地空。

唯有山茶偏耐久，綠叢又放數枝紅。

這是南宋愛國詩人陸游讚頌山茶花耐久性的一首詩。的確，山茶花開時正是百花凋零的冬季，而她卻餐雪飲霜，吐蕊於紅梅之前，花開不敗，一直到第二年春天，桃李飄零了，她仍在開放。她既是迎冬的鬥士，又是喜春的使者，故多得古代文人的垂愛和歌詠。

山茶花屬山茶科常綠灌木或小喬木，原產於中國、朝鮮和日本等地。樹高者可達 15 公尺，葉互生，卵形或橢圓形，因葉類茶，故名。冬春時節開花，花色有桃紅、粉紅、銀紅、白色、綠色、紫色，主要生長在長江流域以南，以雲南、四川等地最享盛名。近年在中國廣西又發現一種開金黃色花的山茶，取名「金茶花」，名震中外，被列為國家一級保護植物。

全世界有山茶 200 餘種，中國就有 190 多種，是世界上山茶種類最多的國家。山茶花有的潔白無瑕，有的色如火紅。山茶花其中「醉貴妃」、「玉美人」、「嫦娥彩」、「龍鳳冠」、「紅芙蓉」、「海雲霞」、「鶴頂紅」、「桃李春」等最為名貴。

山茶在中國栽培歷史悠久，自古以來，就作為吉祥之花，深受人們的喜愛。山茶原為野生，大約至隋唐方開始人工栽培，主要是紅山茶。到了宋代，栽培山茶之風更盛，品種更多。此時又有了白山茶花。宋元以後，山茶

品種更多，品名之雅，競現風流。

山茶花花姿綽約，色彩豔麗，樹姿優美，終年常青，是人們最喜愛的觀賞花卉，古人曾給山茶花總結出十大特徵和優點，又稱「十絕」：一是豔而不妖；二是壽經數百年尚如新植；三是枝幹幾丈高，大可合抱；四是膚紋蒼潤；五是枝條虯糾，狀如塵尾龍形；六是蟠根離奇，可憑而幾，可藉而枕；七是豐葉如幄，春光長壽森沉蒼茂；八是性耐霜雪，四時常青；九是次第開放，歷時數月；十是水養瓶中，歷十餘日而顏色不變。

正由於山茶花的這些特徵，所以在中國傳統文化中賦予了她諸多吉祥寓意。古時人們在傢俱、衣服、建築上多喜繪山茶花。如吉祥圖案中茶花配以綬帶鳥意為「春光長壽」，多用來祝壽，寓意春光長存，萬古長壽。在滇南人們把茶花作為饋贈親友的珍貴禮物，甚至還把山茶作為女兒的嫁妝。

人們珍愛、崇敬山茶花，把它作為吉祥的象徵，更尊重它的品質。民間就有一個山茶花拒入阿香園的傳說故事。

相傳吳三桂自立國號大周，做起帝王夢後，便在昆明大興土木，建殿築園，傳旨各地，進貢奇花異卉到阿香園內，專供寵姬陳圓圓觀賞。

當時在普濟寺內有株高兩丈的山茶樹，花色豔紅，九蕊十八瓣，被挖送移植到昆明阿香園內。誰知，這株山茶移來後幾年都不開花，吳三桂大怒，抓來了花匠問罪。山茶花仙子怕連累無辜，託夢給吳三桂。吳三桂夢見一個頭插山茶花，臉龐像盛開的山茶花的漂亮女子對他唱道：

三桂三桂，休得沉醉。

不怨花匠，怨你昏聵。

吾本民女，不貪富貴。

只求歸鄉，度我窮歲。

吳三桂一聽，火冒三丈，舉劍便向那女子刺去。誰知沒有刺中那女子，卻不偏不斜地刺中龍椅的龍頭。茶花仙子冷笑一聲又唱道：

靈魂卑賤，聲名已廢。

賣主求榮，狐群狗類。

屍築宮苑，血染王位。

天怒人怨，禍祟將墜！

吳三桂聽後，嚇出一身冷汗醒來，便向謀臣問吉凶。謀臣奉諛說：「這是賤種，入宮是禍，出宮是福，趕快貶回，脫禍求福。」

吳三桂立即命手下把這株山茶樹移回普濟寺。山茶移回後立即冒芽抽枝，含苞吐蕾，花開紅豔，成為山茶之王。這個故事說明了山茶嫉惡如仇、不貪富貴的高貴品質。

山茶作為吉祥花，不僅可供觀賞，而且其花還供藥用，花中含花白苷等，用於治療腸胃出血、咳血、子宮出血等症；山茶根煎水還可治食積腹脹；其木材細密質堅，是雕刻的上等材料；種子可榨油，是工業和食用原料。近年，人們又發現山茶還具有抗煙塵和有害氣體，淨化空氣的功能。它可在二甲苯、酚、甲醛、氮氧化物污染的地方正常發芽生長，並含芳吐豔。

在中國傳統節日春節到來之際，正是山茶花含苞怒放之時，你看那山茶

花一團團、一簇簇，冷豔爭春，紅英鬥雪，給人們送來吉祥，迎來紅火，這是一幅多麼喜慶的歡樂圖景啊！

紫蓓蕾中香滿襟
——趣話瑞香花

相傳，廬山一廟中有一個和尚，夜裏在一磐石上睡覺，夢中一陣陣濃烈的花香襲來。他甚是驚異，醒來後，見石邊有一叢花，在碧綠的葉子襯托下正在開著紫色小花，香氣襲人，這個和尚就給這種花起名叫睡香。後來，此事越傳越遠，越傳越神秘，知道的人也越來越多。很多人都感覺驚奇，稱這種花是祥瑞之花，又給它起名叫「瑞香」。

瑞香花又稱千里香、瑞蘭、蓬萊紫、風流樹、麝囊等，屬瑞香科常綠灌木，植株高可達 1 公尺左右，枝幹婆娑，四季常青。瑞香冬春時節開花，芳香四溢，俗呼它為「香花子」，是中國最古老的名花之一。據《灌園史》載，早在戰國時期，中國偉大愛國詩人屈原在《楚辭》中就稱其為「露甲」。

不過，瑞香真正受到人們的珍愛和栽培是在宋代以後。南宋文學家洪邁在《容齋隨筆》中就記有：「廬山瑞香花，古所未有，亦不產他處。天聖（宋仁宗年號）中人始稱，傳東坡諸公繼有詩詠。豈靈草異芳俟時乃生？故記序篇什悉作『瑞』字。」作者把瑞香自然屬性的變異和進化，說成是為了印證聖天子而降生，有些牽強附會。但說是宋仁宗時，人們發現的這種花是一種祥瑞徵兆是有一定道理的。

　　瑞香花以香著稱，早春與迎春、山茶花同時開花，芳香撲鼻，栽培歷史悠久，中國廬山是其最早發源地。南宋詩人王十朋在《瑞香花》一詩中就贊道：

　　　　眞是花中瑞，本朝名始聞。
　　　　江南一夢後，天下仰清芬。

　　民間傳聞，乾隆下江南時，江西廬山一官員獻給乾隆一盆瑞香花，乾隆聞到它醉人的香味，讚不絕口，立即嘉獎了這位官員。

　　瑞香花的另一獨特之處是芳豔絕頂，其枝幹造型極富韻致，樹冠婆娑，豐而不亂，柔而不媚，碧葉四季常青。花開時不僅色彩絢麗，更兼香氣馥郁，豔壓群芳，可以說是集葉之常青、葩之繁豔、香之醉人於一身，確有很高的觀賞價值。

　　瑞香花花色有紫、白、粉紅、黃色、黃紫色、黃白色等，可謂豐富。而其中尤以花紫者香更濃烈，故瑞香別名又稱「蓬萊紫」。

　　瑞香花作為祥瑞之花，不僅花香襲人，色彩多樣，清雅高致，可供綠化、觀賞，而且還有一定的藥用價值。李時珍《本草綱目》中有：「急喉風，用白花者研水灌之。」瑞香花性甘，無毒，可治咽喉腫痛、齒痛和風濕痛等。如咽喉痛者，可用鮮白瑞香花及根四錢，放碗中搗爛，加開水和汁服，極奏效。齒痛者可用鮮瑞香花搗爛，含痛處即解痛。如果乳腺癌初期，也可用鮮瑞香花，加少許雞蛋清一同搗爛敷上，一日換一次，有效。此外，瑞香的葉、根都有藥用價值，民間醫生用瑞香葉洗淨，和少許蜂蜜，搗爛敷患

處，對面部瘡瘍、痛風均有功效。江西、福建民間傳如有遇毒蛇咬傷，用瑞香根和白酒磨成濃汁，塗傷口和腫脹處，可解毒。在嶺南，還有食用瑞香花的習俗，其味甜美爽口。民間還用瑞香花作糖餞，不僅其味芳香，而且含食還利咽潤喉。

相傳瑞香花還有避邪的作用，百姓都較喜食，還作禮品饋贈。瑞香花的這些藥用價值都為其祥瑞的內涵增加了其豐富內容。所以，南方百姓院中都喜歡栽種瑞香，一些廟宇寺觀也都喜歡栽瑞香花，既供綠化觀賞，又取其祥瑞之意。

瑞香花栽培甚易，喜陰不耐積水，但不怕日曬。瑞香繁殖多採用扦插和分株，於二三月份剪一年生枝扦插。如果將插穗下端縱剖，嵌入麥粒，則生根更易。《廣群芳譜》介紹：「梅雨時折其枝，插肥陰之地，自能生根，一云；左手折下，旋即扦插，勿換手，無一不活者，一云；芒種時就老枝上剪其嫩枝，破其根，入大麥一粒，纏以亂髮，插入土中即活，一說；帶花插入背日處，或初秋插於水稻側，俟生根多種之，移時不得露根，露根則不榮。」看來瑞香花栽植還有一些神秘感。

花中此物似西施
——趣話杜鵑花

「九江三月杜鵑來，一聲催得一枝開。」（白居易《山石榴寄元九》）每年清明時節，杜鵑鳥從南方歸來，當杜鵑鳥一聲聲啼叫的時候，杜鵑花一簇

簇開遍山野，那火紅的花朵，燦若丹霞，映得翠綠的春山一片火紅。那白的、黃的、紫的、粉紅的杜鵑花，也都帶著春的氣息，給大地帶來春日喜悅之光。

杜鵑，既是花名，又是鳥名，花鳥同名，實在獨特。為何一名指兩物呢？這裏深藏著一個神奇而美麗的故事。據漢揚雄《蜀王本紀》載，蜀民之祖蜀王，名杜宇，號望帝。一年蜀地洪水氾濫，蜀王望帝治理不了，聽說鱉靈可治，便以鱉靈為相，令他治水。果然，鱉靈很快治住了洪水，人民安居樂業。望帝自愧，便禪讓王位而隱退。

蜀王讓位於鱉靈鱉靈即位，號開明帝。望帝杜宇隱入深山，修道飛升，魂靈化作杜鵑鳥，又稱杜宇鳥、子規鳥。春來啼叫，聲聲淒涼。

又傳說，望帝魂靈雖化為杜鵑鳥，仍思念故鄉蜀地，每年春天飛回，晝夜啼叫，所以叫聲淒涼。久而久之，它啼叫得口裏流出一滴滴鮮血來，滴在蜀地的山花上，把花兒也染紅了。望帝思念蜀地人民，人們也懷念望帝。為紀念望帝，便把這些滿山紅豔豔的山花稱為杜鵑花。因杜鵑花開時映得漫山紅遍，故又俗稱為「映山紅」、「滿山紅」。

神奇動人的神話傳說，使嬌豔的杜鵑花潤染上了深厚的文化色彩，也打開了歷代文人墨客的情感閘門，豐富了他們的創作意蘊。唐代大詩人李白在他的《宣城見杜鵑花》詩中作了最好的詮釋。詩云：

蜀國曾聞子規鳥，宣城還見杜鵑花。

一叫一迴腸一斷，三春三月憶三巴。

　　李白於天寶十四年（755 年）暮春旅居宣城時見到杜鵑花，因離鄉日久，思鄉情切，特別是他又屢屢遭遇坎坷，再聽到杜鵑的一聲聲悲切的「不如歸去」的促歸之叫聲，怎能不觸景生情呢？他由杜鵑花的傳說聯想到杜鵑鳥，從而勾起他對故鄉的深深懷念之情。該詩寫得真切動人，不愧為膾炙人口的名作。

　　中國是杜鵑花的故鄉，是杜鵑花的原產地之一。杜鵑的別稱還有映山紅、滿山紅、山丹花、山石榴、山躑躅、山鵑、紅躑躅、紫躑躅、羊躑躅等。杜鵑花屬杜鵑花科，全世界 800 餘種，中國就占 600 多種，全國各地均有種植。杜鵑花開呈鍾狀或漏斗狀，常有 2 至 6 朵花簇生枝端，除紅、白、黃色外，還有粉紅色、紫色和紅白嵌邊的各種顏色。花冠裂片有深有淺，有平有皺，有的狀似翔鳳，有的宛若紅縷，千姿百態，異彩紛呈，斑斕奪目。

　　杜鵑花以四川、雲南、江西、西藏的品種最多，既有高數丈、樹齡達 300 多年的杜鵑樹王，也有盆栽的名貴品種；既有常綠杜鵑、落葉杜鵑，也有春鵑和夏鵑。在眾多杜鵑花中尤以四川的川杜鵑最有名，據明代高濂《草花譜》云：「杜鵑花出蜀中者佳，謂之川鵑。花內十數層，色紅甚。」僅秀麗的峨眉山的杜鵑花就有 20 多個品種，每年花開時節，滿山紅遍，十分壯觀，為峨眉山增添了不少光彩。

　　「燦爛如錦色鮮豔，殷紅欲燃杜鵑花。」杜鵑花美，從古至今，久負盛名，居中國三大名花之首。最嗜愛杜鵑花者莫過於唐代大詩人白居易，相傳唐憲宗元和十一年（816 年），白居易被貶任江州（今江西九江）司馬，曾將野杜鵑移於庭前種植。他對著廬山漫山火焰般的杜鵑花，誇其「曄曄復煌煌，花中無比方」，並給當時在通州任刺史的好友元稹寫下長詩《山石榴寄元

九》。

　　在詩人筆下，杜鵑花被比做仙女下凡和出嫁的少女，還被稱為花中西施，那些妖紅弄色的芙蓉花和花姿優美的芍藥花與杜鵑花相比，也不過是醜婦罷了。他還甚至稱杜鵑花為「花王」，具有國色天香的品質。

　　更難能可貴的是在元和十三年（818年），他改任忠州（今四川忠縣）刺史，又把江西的杜鵑移植到忠州庭院中種植，並寫下《喜山石榴花開，去年自廬山移來》一詩。他酷愛杜鵑，達到癡情的地步，先後寫有讚頌杜鵑花的詩多首。

　　杜鵑花不僅可供觀賞，其花、葉、根等均可入藥，可為人們帶來健康幸福。其花和葉主治氣管炎、蕁麻疹等。外用治癰腫，根主治風濕關節炎、跌打損傷、閉經、外傷出血等，但孕婦忌用。

　　還有一種黃杜鵑，別名黃躑躅、羊躑躅、鬧羊花、玉支、羊不食、老虎花等。為什麼此花稱羊躑躅、羊不食呢？據西晉崔豹《古今注》曰：「羊躑躅，黃花，羊食即死，見即躑躅不前進。」從花名可知此花有大毒，為中藥的麻醉藥，具有鎮痛、鎮靜作用，不可多服久服，兒童、孕婦禁服。李時珍《本草綱目》就記有：「曾有人以其根入酒飲，遂至於斃也。」所以，杜鵑花切忌亂用。據實踐證明和科學研究，杜鵑花有抗二氧化硫、臭氧的作用，是理想的美化生態環境的花卉。

　　杜鵑花宜於盆栽，還有「山客」的別稱。如果通過剪紮造型為翔鳳、飛雲等形狀，春節時放入家中，如瑞鳳爭翔，飛雲呈祥，有美好吉祥的寓意。據《草花譜》說，每當映山紅開滿山岡，爛漫競放時，當地農民認為這預示當年的莊稼會豐收，於是都高興地上山觀賞、採摘。

　　人們喜愛杜鵑花，還因為杜鵑花有美好幸福、吉祥如意的象徵。清明時節，春光明媚，杜鵑花盛開時，漫山遍野，燦若堆錦，美不勝收。人們多結伴登山觀賞，攝影留念，盡情玩賞。現在，杜鵑花已被江西、貴州、安徽省定為省花，遼寧丹東、湖南長沙、江蘇無錫、雲南大理、廣東珠海和韶關等市定為市花，足見人們對杜鵑花的厚愛。

　　杜鵑花還是革命之花，很多革命老區都把殷紅的杜鵑花看做是無數革命先烈用鮮血染紅的，是他們用一腔碧血，才換來今天幸福的生活。井岡山是中國革命的發源地、根據地，江西特意把映山紅定為省花。人們對映山紅的喜愛，也反映出人民對革命先烈的敬仰與懷念。

成都海棠二月開
——趣話海棠花

　　陽春三月，百花競放，群芳爭妍，嬌媚爛漫的花海中，有一種花團錦簇、重葩疊萼、紅苞滿枝、胭脂點點，花開似紅霞降塵，朵朵若少女面頰的海棠，最引人注目，最令人陶醉。難怪有人稱她為「花中仙」、「花貴妃」，並把她與花魁牡丹、花王梅花相媲美了。

　　說起海棠花，人們自然想起宋代女詞人孫道絢。她是建安（今福建建甌）人，生平所作詩詞頗多，可惜晚年焚毀無餘，存世的很少，所以尤顯珍貴。傳有她的詠海棠《憶秦娥》詞一首：

　　花深深，一鉤羅襪行花陰，閒將柳帶，試結同心。日邊消息空沉沉，畫

眉樓上愁登臨，海棠開後，望到如今。

她的詞詠花寄情，幽怨深沉，故人們以孫道絢為司海棠花女神。

海棠花美，得人讚賞，主要是因其天生麗質，風姿綽約，嬌柔婀娜，色豔驚人。明代王象晉在《群芳譜》中贊云：「（海棠）其花甚豐……望之綽約如處女，非若他花冶容不正者可比。蓋色之美者，唯海棠，視之如淺絳外，英英數點，如深胭脂，此詩家所以難為狀也。」海棠花的確獨具美質麗韻，豔過寒梅，又素於牡丹，集色、姿、韻於一體，占盡了風光，故古人多喜用美女的醉相睡態來比喻海棠之美。

關於用美女的醉相睡態來比喻海棠之美，這裏還有一段唐玄宗李隆基與楊貴妃的風流逸聞。

據傳奇小說《楊太真外傳》記：「上皇（李隆基）登沉香亭，詔太真妃。時妃子（楊玉環）宿醉未醒，命高力士使侍兒扶掖而至，妃子醉顏殘妝，鬢亂釵橫，不能再拜。上皇笑曰：豈是妃子醉，真海棠睡未足耳。」因此典故，蘇軾在《海棠》詩中方有「只恐夜深花睡去，高燒銀燭照紅妝」的名句，把海棠比做美人楊貴妃的醉態睡姿。故此，海棠又有了「睡美人」、「花貴妃」的雅號。

海棠屬薔薇科，原產於中國，栽培歷史悠久，常見的品種有西府海棠、垂絲海棠、貼梗海棠和木瓜海棠，均屬木本，號為「海棠四品」。但貼梗海棠和木瓜海棠與西府海棠、垂絲海棠並非一屬，差異頗大。西府海棠、垂絲海棠都是蘋果屬落葉小喬木。據說西府海棠因在晉朝時生長於西府而得名，千姿百態，尤以為佳。其花開成簇，花梗上舉，嬌豔俏麗，姿態瀟灑。而垂絲海棠群葩倒懸，含情脈脈，若少女掩面，羞澀迷人。貼梗海棠、木瓜海棠都

係木瓜屬叢生灌木，高可達 2 至 5 公尺，虯枝如鐵，剛勁挺拔。貼梗海棠又名鐵角海棠、貼梗木瓜，因其花梗極短，幾乎貼在枝幹上，故名。其花單生或簇生，呈猩紅色或白色等，結果為卵球形，果實成熟為黃色，有芳香味，可入藥，稱「皺皮木瓜」或「宣木瓜」，有舒筋活絡、和胃化濕的功效。木瓜海棠花梗成簇頂生或腋生，肉紅色，花後結果，果實為卵形，金黃色，可以泡酒治風濕、腰痛等症。此外，被稱為海棠者還有一種草本的秋海棠，因八月開花，又稱「八月春」。《採蘭雜誌》載：「昔有婦人懷人不見，恒灑淚於北牆之下，後灑處生草，其花甚媚，色如婦面。」故又名「相思花」、「斷腸花」。另有一種倭海棠，為日本名花，株矮枝虯，花色嬌媚，也已在中國廣為栽培。

海棠是優美的觀賞植物，於春季二三月開花，紅苞金蕊，開滿枝頭，有淡紅、深紅、粉紅，紅中有白，白中有紅，近觀若少女唇頰，胭脂點點；遠望若紅霞染塵，令人歎為觀止。海棠常植於庭院、公園中，幾乎人人喜愛。在全國各地均有栽培，尤以四川海棠最負盛名，得千古文人墨客稱頌。唐代詩人薛能是最早寫詩讚美四川海棠者，其詩云：「四海應無蜀海棠，一時開處一城香。」

蜀地海棠得歷代詩人之讚賞，還曾引起文苑詩壇一段探秘的話題：唐代安史之亂後，大詩人杜甫曾棄官移居成都多年，寫下大量詩篇，而唯獨沒有一句寫海棠的詩。唐末詩人鄭谷就在詩中首先提出：「濃淡芳春滿蜀鄉，半隨風雨斷鶯腸。浣花溪上空惆悵，子美無心為發揚。」緊接著王安石也有以此為題寫詩發問：「少陵為爾牽詩興，可是無心賦海棠。」影響更大的當屬最喜歡海棠花的蘇軾，他在詩中發難云：「恰似西川杜工部，海棠雖好不吟詩。」

自蘇軾提出後，宋代詩壇從此熱鬧起來，詩人們便津津樂道，就此話題引出很多爭論、探秘的趣聞逸事。

為什麼杜甫從唐肅宗上元元年（760年）到代宗大曆二年（767年）在成都草堂久居八年，而獨不詠海棠呢？有的詩人認為是杜甫當時還未認識海棠；也有的詩人認為是因為海棠太美，讓杜甫無從下筆了；也有的詩人查證過杜甫的家族歷史，說是杜甫母親的乳名叫海棠，因杜甫避諱母名而不題海棠。究竟奧秘為何？大概因為當時海棠花在蜀中還不太被人看重，僅生於山野之中。如果說杜甫是因母親乳名為「海棠」而不題詩，這是一些人以己之見來猜度杜甫之意罷了，大詩人也絕不會如此胸懷。

關於杜甫在成都沒寫海棠詩的事，還引出宋代詩人蘇東坡的一段趣聞逸事。蘇東坡謫居黃州時，歌妓們常在宴席中請他題詩。當時黃州有個叫李宜的歌妓，色藝絕佳，因太害羞，總是錯過請蘇軾題詩的機會。蘇軾謫居黃州已五年，將調往外地，在餞行酒會上，李宜想不能再錯過這最後的機會，敬酒時提出了拜求蘇軾題詩的事。蘇軾對她也有好感，便提筆寫下：「東坡五歲黃州住，何事無言及李宜。」大家一看詩句太平凡了。恰巧此時又來客人，蘇軾擱筆與客人談笑起來，李宜也不好催寫。等快散席時，李宜又懇請蘇軾，蘇軾方笑對李宜說：「對不起，對不起，差點忘了！」又提筆繼續寫道：「恰似西川杜工部，海棠雖好不吟詩。」大家看了，無不拍手叫絕。

海棠花真正名貴起來，成為人們喜愛的庭院觀賞花卉時間較晚。據史料記載，海棠花到宋真宗時才有名，宋人沈立在《海棠記序》中云：「蜀花稱美者有海棠焉，然記牒多所不錄，蓋恐近代有之……嘗聞真宗皇帝，御製後苑雜花十題，以海棠為首章，賜近臣唱和，蘇軾詠海棠則知海棠足與牡丹抗

衡，而可獨步於西州矣。」此後，愛海棠、詠海棠、種海棠、賞海棠便成為佳事。因此，蘇軾在其作品中即多次有「雜花滿山，有海棠一株，士人不知貴也」的記載，並賦詩為海棠鳴不平云：「可憐俗眼不知貴，空把容光照山谷。」

在兩宋時期，最鍾情於海棠者當屬蘇軾。元豐二年（1079 年），蘇軾因寫詩諷刺新法，被彈劾下獄，後又被貶黃州（今湖北黃岡）時，自己就親手栽培海棠。據《東坡志林》載：「黃州定惠院東小山上有海棠一株，特繁茂，每歲開時，必為置酒。」由此可見，蘇軾對海棠之深情。蘇軾由朝中貴臣貶到地方，仕途經歷如此艱辛，仍親植海棠，並在海棠開花時置酒記之，這不是一般人的胸襟和境界所能達到的。蘇軾鍾情於海棠，也寫下很多贊詠海棠的詩，以抒發情懷。他下面的這首《海棠》詩當為他的代表作之一，名傳千古。詩云：

東風嫋嫋泛崇光，香霧空濛月轉廊。
只恐夜深花睡去，故燒高燭照紅妝。

讀著這首詩，我們彷彿感到一陣陣東風輕輕吹來，處處彌漫著融融春意。再看那明澈的月色，漸漸移過迴廊，夜雖已深，但詩人還不忍離去。恐怕海棠花慵睡不醒，便高擎紅燭，照著那紅豔豔的海棠花。

花因人而享譽，人因花而著名。宋代女詞人李清照更因詠海棠的一首《如夢令》而被歷代稱頌：

昨夜雨疏風驟，濃睡不消殘酒。

試問捲簾人，卻道海棠依舊。知否？知否？應是綠肥紅瘦。

詞人夜裏聽見雨稀稀疏疏，風驟起，酣睡之中還殘留著酒意。清晨起來問捲簾的小丫環海棠怎樣了。李清照觀海棠丫環答道：「還是原來那樣！」詩人糾正說：「知道嗎？知道嗎？應該是花殘葉茂，綠肥紅瘦了。」特別是詩中的「綠肥紅瘦」，僅四字，把詩人惜花傷春的淒婉、留戀春光的情懷，以及悲哀的身世都抒發了出來，真可以說是千金鎔鑄、萬秋激賞。

名花千秋被人愛，受人賞，最喜愛海棠者莫過於宋代大詩人陸游。相傳他曾寫下大量贊詠海棠的詩，其中有一首《花時遍遊諸家園》（其二）詩：

為愛名花抵死狂，只愁風日損紅芳。

綠章夜奏通明殿，乞借春陰護海棠。

這首詩寫詩人喜愛海棠達到了發狂的地步，他為風雨損壞海棠的花顏而發愁，甚至要連夜給玉皇大帝寫一個奏章，乞求玉皇大帝賜給一個明媚的春天，來呵護心愛的海棠。

說起陸游喜愛海棠花，梨園還有一段久唱不衰的《陸游巧救海棠女》的戲劇故事。

陸游早就聽說蜀地海棠絕豔天下，決定入蜀觀賞。一次，正是春暖花開時節，他來到成都海棠園觀賞，只見園內一簇簇海棠花，花團錦簇，爛漫多姿，柔枝迎風，紅英婀娜，讓人流連忘返。

　　陸游一直往園深處遊賞，當遊到一茅屋前，忽見一老翁自弔在一棵海棠樹上，陸游急忙救下老翁問為何故。老翁被救下後，老淚縱橫地敘說根由：原來這老翁也姓陸，叫陸山林，身邊有一女叫陸海棠，剛到二八妙齡，長得十分俊俏。父女二人以種海棠為生，相依為命。昨天縣太爺的公子在園中賞花時，見到海棠女，便命隨從搶入家中，要納為小妾。

　　陸游聽了陸山林的講述後，好言相勸，安慰老翁一番，並告訴老翁如此這般可以救女兒出火海。

　　陸游告別了老翁，直奔縣衙。知縣一見陸游連忙迎接。陸游告知知縣說，路經此處，聽說此處海棠園很有名，正是花開時分，讓知縣帶路到海棠園一遊。

　　陸游與知縣來到海棠園，邊遊園邊讚賞。正走著，陸山林迎了過來。陸游佯裝一驚，忙走上前躬身施禮說：「久違，久違！原來陸大哥在此植樹種花。」寒暄後，陸游又問：「大哥，海棠侄女還好嗎？」陸山林不語，兩眼噙淚，看了看知縣。

　　知縣見陸游與陸山林如此熟悉、親近，又都同姓，感到不妙，急忙命衙役用轎子把陸海棠送來。

　　此事傳出，從此再也沒有人敢欺負陸山林父女了。陸游巧救海棠女的事也被傳為美談。

　　海棠花美，不僅古人喜歡海棠花，我們敬愛的周總理也非常喜愛海棠，在他與鄧穎超居住了幾十年的西花廳院內就種有海棠。在周總理逝世 12 年後的春天，當西花廳的海棠花又開放時，鄧穎超睹花思人，以思念緬懷之情寫下了《從西花廳海棠花憶起》的回憶文章。

　　海棠花美迷人醉。由於人們對海棠花的喜愛，民間許多地方都有以海棠命名的習俗，如海棠溪、海棠川、海棠山、海棠橋等，甚至很多女孩也以海棠命名。因「棠」與「堂」同音同聲，民間把海棠與牡丹組合而成的圖案稱為「滿堂富貴」，也把海棠、玉蘭、牡丹組合的圖案稱「玉堂富貴」，在花瓶中插入海棠花和玉蘭花就名為「玉堂和平」。這些圖案在年畫、用具中經常運用，已成為一種民俗。

雪綴雲裝萬萼輕
——趣話櫻桃花

櫻花千萬枝，照耀如雪天。
王孫宴其下，隔水疑神仙。
宿露發清香，初陽動暄妍。
妖姬滿髻插，酒客折枝傳。
同此賞芳日，幾人有華筵。
杯行勿遽辭，好醉逸三年。

　　這首詩是唐代詩人劉禹錫在春日赴宴賞櫻桃花時和好友白居易詩所寫下的一首《和樂天宴李周美中丞宅池上賞櫻桃花》詩。由此可見，唐代時中國已有在櫻桃花開時邀朋集友、設宴賞花以為樂事的習俗，此詩正為我們描繪出一幅中國唐代詩人們設酒宴、賞櫻桃花的風情圖。

　　中國在唐代不僅名人雅士、仕宦之家有張宴觀賞櫻桃花的習俗，而且還有宮廷帝王在櫻桃成熟時設櫻桃宴的嗜好。因為櫻桃好吃，產量又少，加之殷紅似珍珠瑪瑙，嬌豔欲滴，櫻桃便成為帝王宴會的珍品。唐代開始，新進士及第要設櫻桃宴。五代王定保的《唐摭言》中就記有：「唐新進士尤重櫻桃宴。」該書中並記：乾符四年（877 年），新科進士的櫻桃宴上的櫻桃是「和以糖酪」而食的，在當時真可謂是最高的禮遇了。你想，用鮮甜的櫻桃再加上蔗糖乳酪，是何等的甜美。

　　唐代，櫻桃也是帝王喜食的珍果，唐太宗李世民在一次宴請重臣的櫻桃宴上，就與群臣賦櫻桃詩作樂，他作的一首《賦得櫻桃》詩中讚譽櫻桃為「席上珍」。在唐代武平一的《景龍文館記》中亦載有：唐中宗李顯在御花園櫻桃成熟時設宴，中宗「與侍臣樹下摘櫻桃，恣其食。末後，大陳宴席，奏宮樂至暝。人賜朱櫻二籠」。宴席上這些大臣們吃得還嫌不過癮，每個人走時又讓賜二籠櫻桃。所以到元代，詩人貢師泰仍有詩記曰：「近臣侍罷櫻桃宴，更遣黃門送兩籠。」當時盛櫻桃的籠子比較小，是只可裝一二斤的小籠子。

　　追根溯源，宮廷設櫻桃宴早在中國漢代已有。據《東觀漢記》載：「明帝月夜宴群臣於照園，太宮進櫻桃，以赤瑛為盤，賜群臣。月下視之，盤與桃一色。群臣皆笑云是空盤。」由於赤瑛玉盤是紅色，櫻桃也為紅色，在朦朧的月光下看不清，所以大臣們開玩笑說是空盤。

　　用櫻桃設宴，提高櫻桃的名氣者，當為漢初儒生叔孫通。據《史記·叔孫通列傳》載：漢高祖劉邦剛做皇帝時，不重視儒生，只重視武士，並且不重儒家禮樂之法，很多武士功臣言談舉止不講規矩。曾做到秦朝博士的叔孫通認為這樣有違傳統禮法，便為制禮，弄了一套嚴格周密的朝拜禮儀。

劉邦開始不信，當他試了一下後，頓覺皇帝的威嚴和神聖顯現了出來，劉邦很是高興，重用了叔孫通。

這年春天，叔孫通又上疏劉邦，說古代帝王都有春天「嘗果」的禮儀，「方今櫻桃可獻，願陛下出取櫻桃獻宗廟，賜百官」。高祖又照辦，滿朝文武百官齊呼「萬歲聖明」。從此，櫻桃便成為春天宮廷宴會必備之果。所以，漢代史官司馬遷在《史記》中說：「以櫻桃獻宗廟賜百官，此禮至漢代尤盛行。」

其實，中國栽植櫻桃的歷史非常悠久，早在《周禮》中就記有「以含桃先薦寢廟」。在先秦的《禮記・月令》中亦記有：「羞以含桃，先薦寢廟。」含桃就是櫻桃。可見，早在西周時櫻桃已是名貴珍果，並把櫻桃作為祭祀祖先宗廟的供品。由此也可以看出先祖們對櫻桃的喜愛和重視。

「櫻桃」，本作「鶯桃」。古時「鸎」通「鶯」，又稱「鸎桃」。鶯，即指黃鶯鳥，又稱黃鸝。其叫聲宛轉悠揚，常食林木果實和昆蟲。據說人們經常看到黃鶯的口中含有櫻桃，於是稱櫻桃為「含桃」、「鶯桃」。

櫻桃還有很多別稱異名，如西周時又稱楔、荊桃。《爾雅》云：「楔（音戛），荊桃也。」孫炎注云：「即今櫻桃。」櫻桃花櫻桃又稱英桃、瓔桃，這主要是「英」、「瓔」與「櫻」同音而稱。此外，因櫻桃鮮紅豔麗，還有的稱朱桃、赤桃、麥英等。這些別稱異名因歷史久遠，現在均很少使用。

櫻桃的品種也較多，以櫻桃的色彩來劃分，果深紅者稱朱櫻，果紫紅布有黃點者稱紫櫻，果黃者稱蠟櫻。按果實的大小來劃分，果小而赤紅者稱櫻珠、紅珠，最大而甘者，謂之崖蜜。

民諺有：「櫻桃好吃樹難栽。」櫻桃的確好吃，所以人們容易多吃。但

是，任何東西再好，也不能過量，要適可而止。否則，就會適得其反，造成
危害。據張子和《儒門事親》所記，舞水一官家有二子，好食紫櫻，每頓吃
一二斤。半月後，長者發肺痿，幼者發肺癰，相繼而死。所以，櫻桃再好吃
也不可過量，正如古人言：「爽口物多終作疾。」

櫻桃不僅果實甜美，而且花開繁英如雪，更得人讚賞。但人們往往把櫻
桃花與櫻花混淆在一起，把它們說成同一種花，這是錯誤的。雖然櫻桃花與
櫻花都屬薔薇科櫻屬，它們是有明顯區別的。一般單瓣者為櫻桃花，花後結
果，多為白色和蜂和蝶帶花移或粉白色；而復瓣者為櫻花，花後不結果，花
色緋紅後白，這是現代植物學家所區分的。中國早在西周時已有栽種櫻桃歷
史，1877 年方傳入日本，在日本被稱為「中國實櫻」。

櫻桃花一般在陰曆二月開花，花期較短。花蕾帶紅色，花瓣白色。花開
素雅、潔淨、清香。它初放時，滿樹繁花，紅的如雲蒸霞蔚，白的像繁雪飄
灑。古代詩人墨客留下了很多讚美櫻桃花的佳句。

櫻花為日本的國花，日本是櫻花的故鄉。櫻花也是日本的象徵，日本人
的驕傲。中國很多名作家都寫過日本的櫻花。其實，中國栽種的櫻花也很
多，在中國各地均有栽種，如南京玄武湖的櫻洲，就因遍植櫻花樹而著名。

占斷春光是此花

——趣話桃花

陽春三月，春和景明，正是桃花盛開時節。你看那一樹樹桃花如霞似

火，嫵媚嬌豔，芳菲爛漫，在婆娑多姿的綠柳映襯下，相映成趣，使春天分外妖嬈，更加明媚。說起春天，人們總會自然地提到嬌豔的桃花。桃花自古以來已成為中國象徵春天的代名詞，所以三月又稱桃月。唐代詩人白敏中有《桃花》詩贊云：

> 千朵穠芳倚樹斜，一枝枝綴亂雲霞。
> 憑君莫厭臨風看，占斷春光是此花。

桃樹屬薔薇科李屬落葉小喬木，品種很多，世界上 3000 多種，中國就有 1000 餘種。按用途來分，主要有觀賞桃和食用桃兩大類。供觀賞的桃花為復瓣和重瓣桃花，色有粉紅、深紅、純白、紅白相間幾種。品種有碧桃、人面桃、日月桃、紫葉桃、鴛鴦桃、瑞仙桃、壽星桃等。

食用桃的桃花多為粉紅色，單瓣，以山東肥城桃、河北六月鮮、南京時桃、北京蜜桃、貴州血桃、渭南甜桃最為著名。桃子的種類頗多，若按色彩來命名，有金桃、銀桃、碧桃、紅桃、白桃、胭脂桃等；若按時令來分，有四月白、五月鮮、六月團、七月紅、八月壽、九月菊、十月冬桃、十一月雪桃等。桃歷來就被視為仙品壽果，受到人們的喜愛。這繁多的桃子，是我們祖先辛勤培育和智慧的結晶。

中國是桃的故鄉，桃在中國栽培歷史悠久，早在古代遺址發掘中就發現有 7000 多年前的桃核。中國 2500 多年前的第一部詩歌總集《詩經·國風》中即有「桃之夭夭，灼灼其華」的詩句。《禮記·月令》中也記有：「仲春之月，桃始華。」

　　由於桃在中國的歷史悠久，古代流傳著它很多神奇的傳說，並把它神化了。在中國古代神話中，傳說桃樹是夸父的手杖所化成的。漢武帝時，桃由中國甘肅、新疆經絲綢之路傳到波斯和印度，後傳入希臘、羅馬及歐洲各國。1878 年，日本岡山縣始從中國上海、天津引入水蜜桃，如今日本的岡山縣桃林遍野，成為日本的桃鄉。

　　正是因為桃樹身世神秘，所以古人又賦予了它驅邪避鬼的神奇功能。關於桃木可避邪驅鬼，古代民間還有一個傳說：上古時期，東海度朔山（又名桃都山）的大桃樹下，有一對兄弟，名神荼和鬱壘（即後來的門神），都有捉拿惡鬼的本領。他們專門守著鬼門，如發現有惡鬼做壞事，他們就捉住惡鬼用繩捆起來去餵老虎，所以，惡鬼都怕他兄弟倆。後來，黃帝知道了這件事，為保人們平安，便令每家每戶門上掛一塊桃木板，上面畫上神荼和鬱壘的畫像以避邪驅鬼。這也便是古代「桃符」的由來。宋代王安石《元日》詩中的「千門萬戶瞳瞳日，總把新桃換舊符」中的「舊符」，說的就是桃符。後來，由於神荼、鬱壘的像複雜難畫，逐漸演變成貼門畫和春聯了，這也就是春節貼門畫和春聯的由來。

　　由於桃木有避邪的功能，古人便用桃木製作成各種厭勝之物，如桃人、桃印、桃板、桃刀、桃梗等。桃人是用桃木雕刻削制而成的人，桃印是用桃木刻的印章，桃板是畫上畫的桃木板，桃刀是用桃木削成的刀，桃梗是用桃木削成的木偶，相傳它們都有驅鬼避邪的作用。迄今，有些地方仍在賣用桃木削刻而成的桃人、桃刀、桃梗等。

　　古代，還有插桃枝、喝桃湯避邪的風俗。現在很多地方在小孩生日時仍在門頭上插桃枝用以避邪。《荊楚歲時記》記有：「正月一日……長幼悉正衣

冠，以次拜賀，進椒柏酒、飲桃湯。」飲桃湯，是用桃枝煮成湯，或飲用或揮灑，以驅邪祈祥。

《廣群芳譜》云：桃，乃五木之精，又稱仙木。《神農本草經》云：「玉桃服之長生不死。若不得早服之，臨死日服之，其屍畢天地不朽。」人們所說的仙桃、壽桃，古代是指西王母瑤池所植的蟠桃。王母娘娘壽誕時所用的蟠桃就是此桃，因與王母娘娘有關，又稱「王母桃」。傳說此桃 3000 年一開花，3000 年一結果，吃一個可增壽 600 多歲。漢武帝時的賢臣東方朔曾三次偷食此桃，多活 1800 歲。民間畫東方朔時，多為身背一上結有果的仙桃樹枝的形象。

為什麼民間傳說吃桃可增壽呢？相傳早在春秋戰國時期，齊國軍事家孫臏曾遠離家門去拜鬼穀子為師學習兵法。他一去十多年沒有回家，十分思念老母親，家中老母親也因想他而生病。一次，孫臏想起老母親要過八十大壽，便與鬼穀子說想回家看看老母親。鬼穀子知道後，就在院中的桃樹上摘下一個大桃子，作為壽禮送給孫臏，讓他帶回家給老母親吃。孫臏帶著桃子匆匆趕回家，為母親拜了八十大壽。孫母吃過壽桃後，頓覺渾身清爽，身病痊癒，老態消退，又活了 100 多歲。這個故事又賦予了桃以孝道內涵，後來民間給老人拜 時，也都必送壽桃，以祝老人長壽康樂。如果拜 時沒有鮮桃，人們就用麵粉蒸成桃形饅頭為老人拜 用，也稱壽桃和仙桃。

關於寫桃花的嬌態，《開元天寶遺事》中還記有一個趣事：相傳唐開元天寶年間的一個春天，唐明皇李隆基在御花園與楊貴妃一起觀桃花，見桃花嬌豔無比，便摘一枝桃花插於楊貴妃寶冠上，喜形於色地贊道：「此花尤能助嬌態也！」這一個「嬌」字，道出了桃花的獨特魅力。

　　在中國文學史上，桃花與詩人墨客緣深，詩人們常用桃花來喻美女，在文苑藝壇上演繹出一個個動人的故事。唐代詩苑中曾流傳有崔護豔遇桃花女的故事。

　　崔護訪城南相傳唐代貞元年間的春天，博陵（今河北正定縣）有一書生名崔護，科舉考試落榜，非常失意，便一個人到城南的郊外散心。他走到一個村莊，發現一個院落花木?鬱，空寂無人。他一時口渴，想找碗水喝，見院門緊閉，便去叩門。

　　此時一位年輕貌美的女子在門內問他何事，崔護說：「我是城裏人，姓崔名護，走到此地因口渴想找碗水喝。」

　　那女子打開門請他進院喝水。崔護在院內一邊喝水，一邊悄悄看那女子，只見在盛開的桃花樹下，那位女子正對他含情脈脈微笑。那笑臉在桃花映照下，真是人面如花，花如人面，融為一體，甚是好看。崔護心動，但初次相見，又不好多言，喝完水便謝辭而去。

　　崔護一直思念著桃花樹下的那位女子。第二年春天，他又來到城南郊外。院落仍在，桃花依然楚楚動人，但院門緊鎖。他心中悵然，即興在門扉上寫下《題都城南莊》詩一首：

> 去年今日此門中，人面桃花相映紅。
> 人面不知何處去，桃花依舊笑春風。

　　過了數日，崔護又到城南郊外尋訪。剛走到院落邊，便聽見屋內傳出老人的哭聲。他叩門相問，一位老翁滿臉淚水地打開了門，崔護與桃花女喜結

良緣老翁得知他便是寫詩的崔護，立即氣憤地說：「是你害了我女兒啊！」原來那女子正值豆蔻年華，尚未許人，自去年見了崔護後，精神恍惚，今春更加嚴重，神不守舍，老翁便帶女兒去親戚家住了幾天。誰知前幾天回家，見門上的題詩，便憂鬱成疾，臥床不起，已奄奄一息。

崔護聽老人說完，又悲痛又感動，在老翁引領下見了那位癡情的女子。崔護來到女子床前，說明他是寫詩的崔護，那女子慢慢睜開了眼，看了一會兒，竟然坐了起來。老翁大喜，立即把女兒許給了崔護，成就了一段美滿姻緣。從此，這個故事在文壇詩苑傳為美談，至今流傳，並被編成戲劇。

由此，桃花也成為美人的代稱。宋代美女嚴蕊即被稱為桃花女神。嚴蕊，字幼芳，宋代天台（今屬浙江）名妓，「善琴弈、歌舞、絲竹、書畫，色藝冠一時，間作詩詞，有新語，頗通古今。」（《癸辛雜識》）她不但善詩詞，且人格高尚。她曾為朋友蒙受不白之冤，但她不懼嚴酷杖責，始終不肯連累朋友，並曾吟《卜運算元》詞表明心跡：「不是愛風塵，似被前緣誤。花開花落自有時，總賴東君主。去也終須去，住也如何住！若得山花插滿頭，莫問奴歸處！」反映出她仗義勇為，對自由生活的渴望和追求。

因晉代詩人陶淵明作有《桃花源記》，他筆下的「世外桃源」，成為千百年來人們神往的世界。唐代詩人王維為尋找桃花源，就曾在《桃源行》詩中云：「春來遍是桃花水，不辨仙源何處尋。」王維因尋不到這桃花源之地，而深懷無限惆悵之感。世間尋訪「桃花源」者何止王維，人們誰不嚮往這神奇自由的世界呢？

說起桃，人們還自然想起「二桃殺三士」的故事。《晏子春秋》中講：齊景公時，有三位強悍的武士，名叫公孫接、田開疆、古冶子。他們三人恃

功自傲，不服管束。晏嬰認為這三人將來必會惹事，勸齊景公除掉他們。齊景公定下一條妙計：只給三位武士兩個桃子，讓他們自己來評功領桃。三人互爭功勞，互不服氣，互殺起來。結果三個人誰也沒得到桃子，互相殘殺而死。

桃花不僅可供觀賞，還有很高的藥用價值。俗傳農曆三月初三時，採桃花用酒浸泡，服之可除百病，好顏色。民間傳說，桃花山上住著一位姓張的姑娘，與老母親相依為命。她們多行善事，用酒泡桃花為老百姓治病，十分靈驗，治好了很多病人。病人治好後都來感謝母女倆，桃花姑娘分文不收，只讓來人在山上種一棵桃樹。數年後，桃花山上種滿了桃樹。每年春天，桃花山上桃花開時，如火似霞，人們稱這山為桃花山，稱這位姑娘為「桃花仙子」。此外，桃仁、桃葉、桃枝、癟果（經冬不謝之毛桃，名桃乾）、桃樹膠等均可入藥。《名醫別錄》云：「主除水氣，破石淋，利大小便，下三蟲。」經醫藥學研究，桃花性味苦、平，有利水、活血、通便之功效，可治療水腫、腳氣、痰飲、積滯、大小便不利等病。

桃在中國文化史上有著特別地位，不論其花、其木、其果，都與人們生活緊密相聯，自古以來，人們把它作為吉祥物，在很多吉祥圖案中都有桃。如一老者持杖笑看蝙蝠，一童持壽桃，為「福壽雙全」；很多蝙蝠與桃，為「多福多壽」等。

桃為人們帶來了健康、幸福和吉祥，人們也深深喜愛桃。如今，中國各地一到春天，桃花盛開，處處紅霞耀眼，芳菲滿目，把祖國的大好河山裝點得格外豔麗壯美。

一徑濃芳萬蕊攢
——趣話李花

　　早春三月，大地春回，百花競放，繁花似錦，你看那桃花嫣紅，似一層層彩霞降落人間；雪白的李花更是耀眼，像一朵朵白雲，飄蕩天邊，真乃美不勝收，天上人間。

　　因為桃花、李花同時開放，人們都喜歡把桃李並稱，如「豔如桃李」、「李代桃僵」、「投桃報李」、「桃李不言，下自成蹊」等。但也有人認為李花比桃花更美，更勝一籌。《灌園史》曰：「桃李不言，下自成蹊，予謂桃花如麗珠，舞場中定不可少；李花如女道士，煙霞泉石間獨可無一乎？」難怪唐代大詩人韓愈在《李花贈張十一署》詩中曰：「江陵城西二月尾，花不見桃唯見李。」

　　月夜宜賞李花，明代詩人楊基有《李花》詩，詩云：

> 憶與盧仝共看來，花光月色兩徘徊。
> 江村遠處長相識，風雨寒時已早開。
> 霽雪玲瓏愁易濕，春冰輕薄笑難栽。
> 江城二月城西路，誰惜柔香滿翠苔。

　　在陰暗的背景下，近處紅豔的桃花不易被發現，而遠處潔白的李花倒很顯眼。由於這種光學現象，陰雨天、朦朧月夜賞李花的確比桃花更好看。這也不是古人在故意貶桃揚李。這是背景出效果，背景出意境。背景越是暗，

越能襯出白色來。從美學上來講，這也是有道理的。

李花如桃花、杏花、櫻花等花一樣，屬薔薇科落葉喬木，李樹高可達 8 至 12 公尺，農曆三四月開花，花色潔白素雅，常三朵一簇，花小而繁，盛開時如滿樹香雪，甚是好看。李樹葉多呈倒卵形，果實球形，色有朱、青、黃、紫紅等，農曆六七月份成熟。

李子品種很多，常見的有麥李、木李、御李、牛李、水李等，中國華北、華東、華中、東北等地均有栽種。晉代傅玄早在《李賦》中就贊有：

種別類分，或朱或黃；甘酸得適，美逾蜜房；
浮彩點駁，赤者如丹；入口流濺，逸味難原；見之則心悅，含之則神安。

明代李時珍《本草綱目》中講得更詳盡：「李，綠葉白花，樹能耐久，其種近百。其子大者如杯如卵，小者如彈如櫻。其味有甘、酸、苦、澀數種。其色有青、綠、紫、朱、黃、赤、胭脂、青皮、紫灰之殊。其形有牛心、馬肝、杏李、水李、離核、合核、無核之異。其產有武陵、房陵、諸李。早則麥李、御李，農曆四月熟。遲者晚李、冬李，農曆十月、十一月熟。還有季春李，冬花春實。」

中國栽種李樹的歷史也較悠久，早在兩三千年前的《詩經·召南·何彼襛矣》中就有詠李花詩句：「何彼襛矣，華如桃李。」可見，那時，先祖們就已喜歡李花了。《詩經·大雅·抑》中還有「投我以桃，報之以李」的名句。也可見，春秋以前李已是佳果。

由於李是中國古代有名的「五果」之一，人人喜愛，還與李姓和李姓很

多名人產生了密切關聯，並生發出很多神奇的傳說和逸聞趣事。據《神仙傳》載：春秋時諸子百家中的老子，是在他母親走到李樹下時誕生的。老子一生下來就會說話，指著那棵李樹說：「以此樹為我姓。」所以，老子姓李，名李聃，又名李耳，後來成為春秋時期的思想家。孔子就曾向老子請教，並十分欽佩他。相傳老子活了 200 歲，他的《道德經》充滿了神秘主義的思想，後來被道教所利用，他也因此成為道教的開山祖師。

據說中國唐代大詩人李白的起名也與李有關。相傳，李白剛生下來時白白胖胖，一雙水靈靈的大眼睛特別逗人喜愛。父母把他看成掌上明珠，想給他起個得體、有品位的名字。一般孩子生下來周歲時就會把名字定下，李白的父親也給孩子想了很多名字，但一直未定下來，還是想等孩子抓周時看兒子喜歡什麼，根據孩子的喜好來取這個名字。

李白周歲那天，在桌子上擺放了尺子、糖果、雞蛋、各種玩具，還有一本《論語》和《詩經》。小李白看看桌上擺的各種東西，最後抓起一本《詩經》來抱著。小李白的父親本想讓孩子抓《論語》，將來好高中魁首，治國安邦，光宗耀祖。抓了《詩經》將來要成為一個詩人，這名字更要慎重。李白的父親想來想去，這個名字一直定不下來。

一晃六年過去。這天李白的父親把妻子和小李白叫到面前說：「我寫了一首《春日》絕句，寫出了前面兩句，可是後面兩句想不起來了，你們每人幫我添一句，可以嗎？我這詩前兩句是：『春風送暖百花開，迎春錠金它先來。』」

小李白很懂禮貌，讓母親先說。小李白的母親隨口說：「火燒杏林紅霞落。」母親話音一落，小李白脫口說道：「李花怒放一樹白。」

「好！好！」小李白的父親一聽，拍手叫好，兒子果然有詩才，很是高興，一邊讚賞，一邊品味。特別是小李白最後添的一句，不僅清雅自然，而且詩韻悠長。這句詩第一個字是自家的姓「李」字，這最後一個「白」字用得更好。正是說明了李花聖潔如雪，那麼就給孩子起名叫李白吧！李白果不負父親的重望，成為中國詩壇上最浪漫飄逸的詩人，被人們稱頌為「詩仙」、「謫仙」。

李樹花美果甜，人人喜愛，民間還把它看作瑞果，特別是李子成熟時，滿樹紅果，更令人高興，所以人們又稱美李為「嘉慶子」。李姓人愛把姓拆開來代名，稱為「木子」、「十八子」。農村李姓人家都喜在院中門前栽種李樹。《東方朔外傳》就記有這麼一段傳說故事：有一次，東方朔與弟子一同出行，半路上口渴了，便讓弟子到路邊一戶人家找點水來喝。但弟子因為不知主人家姓啥名何，敲了半天也不見開門，只好空手而歸。弟子把這情況向東方朔說了，東方朔讓弟子與他一塊去。東方朔見這家人門前有棵李樹，樹上有伯勞鳥飛集。於是，東方朔與弟子說：「這家主人姓李名博（伯），你再去叫，他一定會開門。」弟子按東方朔所說再去叫門，果然出來一位叫李博的白髮老人。老人一見東方朔，立即請進屋取水泡茶招待。

人們喜歡栽種李樹，民間還有不少民俗，如清初陳淏子在《花鏡》中就記有，李樹「如少實，於元旦五更，將火把四面照看，謂之『嫁李』，當年便生」。並記有「嫁李用長竹竿打李樹梢，則結實多」。這種民俗所說的「嫁李」，其實是用竹竿清除掉樹上的病枝，以促進結果。但真正的「嫁李」應是指嫁接技術，如果把李嫁接桃，可結出一種桃李，該書上就記有「若以桃接，則生子紅而甘」。另外，李還可和杏、梅等嫁接，結出的果實兼具兩種果

子的品質。如把李與杏嫁接就會結出一種皮紅肉黃的杏李，華北叫紅李，是李與杏嫁接後產出的一種新品種。明代王世懋在《學圃雜疏》中就記有一種「北上盤山，麝香紅妙甚」的杏李。通過嫁接現在各地又出現了很多優良品種，如浙江的紅美人，貴州的青脆李，福建的胭脂李，江西的大黃李，河南的牛心李，等等。故古人有「名果出吾家」之說。這也說明了古代勞動人民就已掌握了果樹嫁接技術和原理。

　　民間還認為李樹連理還是一種祥瑞之兆，在《宋書・符瑞志》、《南齊書・祥瑞志》中都有「李樹連理生」的記載。

一樹春風屬杏花
——趣話杏花

　　二三月，春意盎然，那一樹樹杏花在春雨中已迫不及待地先葉而繁形，是那麼熱熱鬧鬧、紛紛揚揚、花團錦簇，一幅「江南春雨杏花圖」自然地呈現在人們眼前，真乃是「落梅香斷無消息，一樹春風屬杏花」。

　　杏原產於中國，已有 3000 多年的栽培歷史。《山海經》中已有「靈山之土，其木多杏」的記載。《管子・地員》亦云：「五沃之土，其木宜杏。」北魏賈思勰《齊民要術》中已記有「杏可作油」，「杏子人（仁），可以為粥」。相傳漢武帝的上林苑已種有杏，人們稱為漢帝杏。杏樹全身是寶，有極高的實用價值，杏花可供觀賞，還可入藥，有養顏之功效，主治女子寒熱厥逆。果實和果仁可食用，杏仁有降氣平喘、化痰潤腸之效，主治虛勞咳喘等症。

明李時珍《本草綱目》中記有：「殺蟲，治諸瘡疥，消腫，去頭面諸風氣癤
皰。」「除肺熱，治上焦，風燥，利胸膈氣逆，潤大腸氣秘。」但杏仁有小
毒，不可多食。

杏品種較多，有沙杏、梅杏、金杏、巴旦杏等。《廣志》記有：「滎陽有
白杏，鄴中有赤杏，有黃杏，有柰杏。」李時珍在《本草綱目》中亦記有：
「諸杏……甘而有沙者為沙杏，黃而帶酢者為梅杏，青而帶黃者為柰杏。其金
杏大如梨，黃如橘。」

杏很得醫家之青睞，故「杏林」成為中醫的代稱。為何把中醫稱「杏林」
呢？這與三國名醫董奉有關。據晉代葛洪《神仙傳》載：董奉字君異，福建
侯官人，後至豫章郡（今江西南昌），在廬山下隱居。董奉生於公元 200 年，
晉懷帝永嘉（312 年）時「成仙而去」，活了 112 歲。他醫術高明。相傳有一
次，東吳的交趾太守士燮已病死三日，家裏人正在為他準備喪事，恰巧董奉
外出行醫路過太守府，聞知此事，到太守屍前檢查後，遂取出一粒藥丸，讓
人用溫水化開給太守灌下。過了一會兒，已死去的太守竟慢慢地睜開了眼
睛，面色漸漸紅潤。又過半日，便能自己坐起飲食，四天後病痊癒。從此，
董奉被傳為起死回生的「仙人」。

董奉隱居在廬山腳下，每天給人治病，從不收取任何費用，只讓治癒者
在其房後山坡上種植杏樹以作紀念，病重者種杏樹 5 株，病輕者種杏樹 1
株。數年後，其房後山上種杏樹 10 萬餘株，鬱然成林。待杏成熟後，他又以
杏換糧，用來救濟貧困缺糧的人。董奉也很受人們尊敬，在此修煉成仙。後
來，這片杏林便被稱為「董奉杏林」，現在仍為廬山勝景之一。從此，「杏林」
亦成為醫家的代稱，人們用「譽滿杏林」、「杏林聖手」來讚頌醫家的高妙醫

術和高尚的醫德醫品，並用「杏林春暖」、「杏林春滿」、「杏林春風」等來作為盛讚岐黃世家或中醫藥店堂的聯語。由於董奉神奇的醫術可以除病禳災，妙手回春，民間又把杏花與春燕結合起來，創繪出「杏林春燕」圖，賦予其吉祥的文化內涵，具有祈福禳災的意思，並成為吉祥民俗圖案，常用於剪紙或雕刻於木器上，寓意吉祥杏林，大地回春。

杏的另一吉祥寓意還與文人讀書、功名聯繫在一起。舊有「杏壇」、「杏園」之說，相傳孔子講學的地方就叫「杏壇」。《莊子・漁父》載：「孔子游乎緇帷之林，休坐乎杏壇之上。弟子讀書，孔子絃歌鼓琴。」所以，後人在山東曲阜孔子廟大成殿前，築壇植杏，故稱「杏壇」，後泛指為授徒、講學、解惑之處。

「杏園」在唐代都城長安大雁塔南曲江池畔，是科考新入進士的遊宴之地。古代每年二月正是杏花開放時，要舉行進士科考，殿試中考者，皇帝要親自賜宴遊園以賀，所以杏花又稱「及第花」。後世多把「杏園」比喻為進士及第、科考高中。吉祥圖案「杏林春燕」不僅寓意妙手回春、禳災除病，也寓意雙燕報春，科舉及第。

杏與桃、李、梅均屬薔薇科，花會變色，含苞時為紅色，開後逐漸變淡，花落時變成純白色。花開有早晚，花色有深淺，這是杏花與桃、李花相比所獨有的。這也是杏花嬌容三變的一種靈性，包含著神秘的生命密碼，難怪杏花具有吉意。

詩人與杏花巧結詩緣，杏花為詩人提供詩源，詩人因杏花詩而得佳名，並在文壇詩苑寫下一段千古美談。據《古今詩話》載：北宋仁宗時，尚書省工部衙門裏有兩個官員，均善填曲子詞而享名文壇。一位是員外郎宋祁，曾

填過一闋《玉樓春》詞，中有「紅杏枝頭春意鬧」，成為千古名句。另一位是郎中張先，曾填過一闋《天仙子》詞，其中有一句「雲破月來花弄影」，廣受人們讚賞。

有一天，宋祁去張先家拜訪，看門的人問他找誰，他在門外大聲叫道：「我要見『雲破月來花弄影』郎中！」門人還沒有弄清是怎麼回事，張先已在屋內聽到，立刻也高聲回道：「來者是『紅杏枝頭春意鬧』尚書嗎？歡迎，歡迎！」這段風趣的佳話從此在文壇傳開，宋祁也因詩句而得「紅杏尚書」的雅號。

這裏的「尚書」本為「尚書員外郎」的簡稱，恰巧又與「四書五經」中的《書經》（亦稱《尚書》）巧合。所以，後人又利用這《尚書》的雙關意，將「紅杏尚書」的典故演化為古籍與紅杏的吉祥圖案，常運用於剪紙和書箱、書櫃雕刻紋圖，賦予其更深的文化內涵：一是把紅杏比做美人，與古書並置有「紅袖添香夜讀書」的意思；二是因宋祁自幼貧寒，少時苦讀，後科舉及第。此圖有祝讀書人苦學成才、功成名就之意。

因杏既可欣賞，又有這麼多實用價值，民間又視為吉祥樹，所以家家都喜植杏，村村都栽有杏。故以杏花命名的地方很多，如山西汾陽的杏花村，安徽貴池的杏花村，杭州西湖的杏花村，江蘇南京鳳凰臺的杏花村，山東梁山的十里杏花村，湖北麻城的杏花村等。從杏花與讀書、功名、中醫等的緊密聯繫，可見人們對杏之喜愛。

一株香雪媚青春
——趣話梨花

千花萬花不甚愛，只有梨花白惱人。

斷腸當年攜酒地，一株香雪媚青春。

這是《西遊記》的作者吳承恩所寫的一首《梨花》詩。為什麼吳承恩這麼喜歡梨花呢？這裏有一段故事。

話說有一天，吳承恩正寫著唐僧師徒四人西天取經的故事，寫著寫著怎麼也寫不下去了。他焦急萬分，茶飯不思，日夜難寢，怎麼辦呢？他只好攜了一壺酒來到一棵梨樹下獨酌。

此時正值春光明媚，梨花盛開，花白如雪，清香襲人。吳承恩一邊看著雪白的梨花，一邊飲著酒。在襲人的梨花清香中，他喝著喝著，不覺酩酊大醉，在梨樹下做起夢來。夢中他見到唐僧師徒四人在西天取經的路上，遇到千難萬險，與各種妖魔打鬥……

一陣細雨，一陣清風，把吳承恩從夢中喚醒過來，他不覺已睡了一天一夜。吳承恩想起夢中唐僧師徒四人的情景，思如泉湧，提筆又寫起來……此後，他每每想起這件事，總有一種說不清、道不明的情結，從此，他對梨花產生了難解的愛意。因此，後來有朋友問他：「世間千花萬花，你最喜歡什麼花？」吳承恩就直說：「人世間的花千千萬萬，只有梨花我最喜愛！」

無獨有偶，元代著名劇作家「梨園領袖」關漢卿在寫《竇娥冤》時也與梨花結緣。關漢卿一身正氣、不屑仕途，曾說自己「是個蒸不爛，煮不熟，

捶不扁，炒不爆，響噹噹的一粒銅豌豆」。他經常遊走於民間，把聽到的故事
編成戲。有一年春天，他遊走到一個大梨園，正值梨花盛開，梨花似雪，甚
是好看。關漢卿便走進梨園，只見梨園深處有一茅屋。他走進茅屋，屋內住
著一位看梨園的老人，兩人便攀談起來。從話語中，關漢卿瞭解到梨園主人
青年時曾在戲班中唱花旦，藝名叫「梨花白」。關漢卿有意想向梨花白學些戲
劇知識，梨花白也知道了關漢卿會寫戲，曾寫過不少雜劇。兩人一見如故，
成為莫逆之交，無話不談。

　　有一天，梨花白向關漢卿講起了他表妹竇娥含冤死於六月天的故事。關
漢卿聽後被深深打動，就住在梨園中把這件事編成了戲。戲寫好了，起什麼
戲名呢？叫「竇娥冤死六月天」吧，太俗太直太露。想著想著，關漢卿不知
不覺在梨園中睡著了。忽然一陣風吹來，把他從睡夢中吹醒。他打了個哈
欠，猛抬頭，整個梨園梨花紛紛飄落，好似在飄雪。啊！六月雪。他想起所
寫的劇本戲名，心中一陣驚喜。民間認為：冤情過大時，六月會下雪。他立
即把《六月雪》這個戲名告訴梨花白。梨花白聽後也認為這個戲名最好，最
貼切。於是，兩個人一合計，便又重新組織一個戲班。關漢卿這個戲班叫
「梨園班」，由梨花白做班主。從此，梨園班專唱關漢卿寫的戲，越唱越出
名，師教徒，徒帶孫，代代相傳下來。所以，後來「梨園」也成為戲班、劇
團的代稱。

　　更為真切、生動的是很多風情文人把梨花比為出浴的美人。特別是江南
春盡時節，梨花盛開，瑩白如玉，此時潔白的梨花經柔風細雨的洗禮，更覺
嬌媚動人，恍若剛剛出浴的美人。故南朝宋孝武帝在《梨花贊》中云：「春時
弄色於細雨微煙，恍玉人之初沐也。」可見雨中梨花別具風韻。晚唐詩人司

空圖喻梨花為「瀛洲玉雨」。宋代詩人趙福元在其《梨花》詩中亦寫道：

> 玉作精神雪作膚，雨中嬌韻越清？。
> 若人會得嫣然態，寫作楊妃出浴圖。

如若此時，在溶溶月光下觀賞梨花會更加動人，更加奇妙。暮雨月色中的梨花也會更顯素雅動人。

梨花為薔薇科落葉喬木，花與葉同時萌發，花期在三月，《格物叢話》載：「春二三月，百花開盡，始見梨花，靚豔寒香，罕見賞識。」梨花多為白色，亦有紅色。宋歐陽修就曾寫有《千葉紅梨花》詩：「可憐此樹生此處，高枝絕豔無人顧。」

梨花可供觀賞，花謝結實，九十月成熟，多汁白嫩，甘甜爽脆，為水果之佳品，被人們稱為「百果元宗」。梨在中國至少有 3000 多年歷史，秦時傳入印度、波斯等國，梵文裏就把梨稱為「秦地王子」。

梨品種很多，晉代葛洪《西京雜記》就記有「上林苑有紫梨、青梨、大谷梨、細葉梨、紫條梨、瀚海梨」等，在中國有 1000 多個品種。隨著科技發達，現在品種更多，但中國安徽碭山的鴨梨、河北的雪梨、山東的萊陽梨仍為梨中珍品。

梨為水果佳品，食之爽口，並可入藥，有潤肺、清熱、止渴、止咳之功效。

梨樹枝高葉茂，可綠化環境；花白似雪，可供欣賞；梨香甜爽口，可解渴療病，因此受到人們喜愛，現在中國北方多有栽種，優良品種多。

幾樹半天紅似染

——趣話木棉花

南國春來，乍暖還寒，柳初吐綠，桃剛泛紅，但那高大挺拔的木棉樹上，雖葉尚未展，卻是滿樹紅花，嬌豔鮮美，分外耀眼。遠觀，宛若錦雲，綺麗炫目；近看，恰似華燈萬盞，凌空赤照，甚為壯觀。故宋代詩人劉克莊有「幾樹半天紅似染，居人言是木棉花」的詩句贊之。

木棉樹花紅似染，如雲似錦，人們將之喻為功垂青史、彪炳千秋之英雄，故又稱「英雄樹」，也稱「紅棉」或「烽火樹」，又稱「攀枝花」。

木棉樹為落葉喬木，幹高可達 40 餘公尺，幹挺通直，確像英雄，巍峨聳立；樹枝平直向四方伸展，葉為掌狀復葉，像張開的一把大傘，綠蔭如蓋；花生枝頂，為深紅色，花冠碩大，直徑可達 12 公分，花瓣中有黃色雄蕊，奇麗可喜。花期3月，5月木質蒴果開裂五瓣，吐出雪白的棉毛和黑色的種子。在中國南方廣東、廣西、福建、雲南、海南、臺灣等地均廣有種植。

「卻是南國春色別，滿城都是木棉花。」高大挺拔、巍峨聳立的木棉樹確是中國南方奇特的壯觀春景，也是南國的象徵。紅彤彤的木棉是英雄之花，是南國人的驕傲。南國人把木棉樹比做偉丈夫，比做英雄，這裏還有一段悲壯、動人的傳說故事。

相傳很久以前，在海南五指山區有一位英俊的黎族青年叫吉貝，他英勇無畏，正直無私，曾領導黎族人民打敗了敵人的多次入侵。後來，因為叛徒的出賣，敵人把吉貝的隊伍圍困在一座大山上，吉貝率領隊伍英勇抗敵，與

敵人展開殊死搏鬥，最後只剩下吉貝一個人。

敵人想活捉吉貝，但吉貝英勇抗擊，誓不投降。敵人不敢靠近，沒有辦法，只好用亂箭射向吉貝。吉貝身中數箭，鮮血湧流，仍巍然屹立在高山之上。後來，他的身軀變成了一株粗壯的大樹，箭翎變成了樹枝，鮮血化為殷紅的花朵。人們為了紀念吉貝，就把吉貝變成的木棉樹稱為英雄樹，把木棉花稱為英雄花。

英雄故事使木棉花富有了更深的文化內涵。從此以後，黎族人民為了表示對民族英雄吉貝的敬仰和懷念，每逢青年男女結婚的日子都要共同栽種一棵木棉樹，或用木棉樹種子培育出一棵木棉樹苗。今天，海南和廣東、福建沿海地區，仍沿襲著這種習俗。所以，在中國南疆到處都可以看到這種木棉樹。在黎族的村寨，還可以看到黎族同胞用木棉織成的花紋瑰麗的棉布、被單和衣裙，人們還用英雄的名字稱它為「吉貝」。

相傳宋代大詩人蘇東坡被貶海南儋州時，黎族同胞就贈給他用吉貝布做成的衣服來抵禦寒冷。蘇軾十分感動，因而賦詩道：「遺我吉貝布，海風今歲寒。」

此外，木棉的花、根、皮還可入藥。木棉花性味甘涼，有清熱、利濕、解毒、止血之功效，可治痢疾、血崩、瘡毒等。皮能清熱利濕，活血消腫。根能清熱利濕，收斂止血。其蒴果中的棉絮不易被水浸濕，可作救生圈的填料或枕芯、墊褥之類。其功用真是不少。

清代嶺南詩壇三大家之一的陳恭尹對木棉花更是情有獨鍾，還寫有一首《木棉花歌》，盛讚木棉花。詩人陳恭尹是廣東順德人，最瞭解木棉樹的特性。所寫的詩讀來令人振奮，氣勢磅　。該詩寫二三月份的珠江一帶，千樹

萬樹的木棉花如火如荼地盛開，好像堯帝時的十個太陽升起在滄海，又像是
魏宮的萬把火炬環繞在高臺。這木棉花向下覆著的像金鈴，向上仰著的像銅
爵，紅火燦爛，神采飛揚；這木棉樹高大魁偉，像一條濃鬚闊面的英雄好
漢，氣壯山河，落落大方。可是與木棉花相比，後開的海棠花、石榴花是徒
有虛名；與木棉花同時開放的桃花、杏花，又顯得那麼渺小、輕薄。它們哪
裏有木棉花的豪壯氣派，這是因為主管南土的祝融、炎帝偏愛木棉，才讓木
棉成為群芳之主。這木棉花年年歲歲在五嶺之間開放，北方人難以見到它的
朱色顏容。木棉願以木棉的飛絮做成衣服披在天下人身上，讓他們不再受寒
冷的邊風朔雪的侵襲。

　　木棉樹的胸懷多麼寬廣，木棉樹的風格多麼高尚，難怪詩人用盡了美詞
頌言來讚美木棉樹。

　　春節前後，南國的海南島、廣東、廣西等地，那裏的城市街道、公園；
那裏的公路、河畔兩旁；那裏的黎村、苗寨村頭，一株株高大挺拔的木棉樹
上，一朵朵迎風怒放的木棉花，鮮豔豔，紅燦燦，近視如火炬，遠觀似雲
霞，把整個南國都映得紅彤彤的，向人們報送著春天的喜訊。當你看到這如
火似焰的木棉花，你的心葩也定會更加豔麗、敞亮。

膩如玉脂塗朱粉
——趣話玉蘭花

膩如玉脂塗朱粉，光似金刀剪紫霞。

從此時時春夢裏，應添一樹女郎花。

　　唐代大詩人白居易有一次到好友令狐家去探訪，見其庭院一株玉蘭花正盛開，遂吟這首《題令狐家木蘭花》詩。

　　玉蘭，又稱木蘭、林蘭、木筆、辛夷、辛雉、含笑、望春花、房木、木蓮、黃心、華蓋木、香水木蓮、天女花、女郎花等，為木蘭科落葉喬木，在中國已有2800多年的栽植歷史。

　　玉蘭樹高大挺直，亭亭玉立，遒勁偉岸，猶玉樹臨空，似雪海霜島。玉蘭先花後葉，其花潔白如玉，晶瑩清麗，形似荷花，香味似蘭，故名玉蘭。《花鏡》云：「（玉蘭）樹高大而堅……絕無柔條，隆冬結蕾，一幹一花，皆著木末，必俟花落後，葉從蒂中抽出。」玉蘭在中國各地均有種植，有30餘個品種，主要有白玉蘭、紫玉蘭、黃玉蘭、山玉蘭、二喬玉蘭和洋姐妹——廣玉蘭等。由於玉蘭花色、香、美深受人們的喜愛和讚美。明代詩人、畫家文徵明有一首《玉蘭》詩贊曰：

綽約新妝玉有輝，素娥千隊雪成圍。

我知姑射真仙子，天遣霓裳試羽衣。

影落空階初月冷，香生別院晚風微。

　　玉環飛燕元相敵，笑比江梅無恨肥。

　　詩人把玉蘭寫得多麼美，用盡典故，極言其美。你看那一株株玉蘭像剛剛梳妝打扮過似的穿著素雅服飾，像來自姑射山上的仙女，冰清玉潔，光彩靚麗，一隊隊在那裏表演著霓裳羽衣舞。晚風微吹，花香滿院；新月初升，花影照階。多麼美妙的玉蘭之夜啊！儘管是楊玉環、趙飛燕也難以匹敵。詩人把玉蘭的色彩、丰姿、馨香一一盡現眼前，讓人難以忘懷。

　　特別是玉蘭花含苞欲放時，宛若支支巨筆，彷彿要在雲天書寫什麼，故又名木筆花。《廣群芳譜》云：「正二月花開，初出枝頭，苞長而尖銳，儼如筆頭。」明代詩人張新還寫有一首《木筆花》詩：

　　夢中曾見筆生花，錦字還將氣象誇。
　　誰信花中原有筆，毫端方欲吐春霞。

　　五代後蜀詞人歐陽炯也以木筆來贊玉蘭花詩云：「應是玉皇曾擲筆，落來地上長成花。」真是想像奇特豐富，把木筆花比為玉皇大帝所擲的筆而長成，形象逼真，可謂神來之筆。

　　民間還因木筆的「筆」字與「必」字同韻異聲，音近相諧，把玉蘭花傍似壽石的吉祥紋圖題為「筆得其壽」，用以祝壽、祈吉，並運用於畫稿或器物上，由此可見玉蘭花的吉祥寓意內涵。

　　玉蘭樹高大直挺，其木堅實耐腐，且不生蟲，自古為棟樑之材，為構築宮殿之用。南朝梁任昉《述異記》載：「木蘭洲在潯陽江中，多木蘭樹，昔吳

王闔閭植木蘭於此，用構宮殿。」宋代宋敏求《長安志》亦載：「阿房宮以木蘭為梁，以磁石為門。」因其木堅挺，用於宮殿棟樑，故人們也常把玉蘭比風度瀟灑、才幹出眾、姿秀貌美之美丈夫，並用成語「玉樹臨風」來形容其美貌和風姿。唐詩人杜甫《飲中八仙歌》云：「宗之瀟灑美少年，舉觴白眼望青天，皎如玉樹臨風前。」金元好問亦有《壽張復從道》詩：「齒如編貝髮抹漆，玉樹臨風未二十。」

「玉樹臨風」典出《晉書‧謝玄傳》，因謝安曾把子姪謝玄和謝朗比為芝蘭玉樹生於庭階，遂後世便將芝蘭玉樹比做人才貌之美。吉祥圖案「玉樹臨風」即由此而來，並運用於文具、畫稿、建築等之中，以祝子孫才幹非凡，有所作為。民間還把玉蘭花配以牡丹、海棠，取玉蘭和海棠的諧音合為「玉堂」，牡丹象徵富貴，組合成「玉堂富貴」的吉祥圖案，常用來祝賀富貴之宅，古時「玉堂」亦作翰林官署之雅稱。舊時，江浙一帶姑娘結婚時常常攜帶繡有「玉堂富貴」圖案的花鞋，以祈新婚幸福美滿、生活富貴。

玉蘭又為傳說中的仙花，故又稱「天女花」、「女郎花」，此源於古代奇女子花木蘭。

相傳，公元 5 世紀，北魏鮮卑族政權統治下的北國，由於戰爭頻仍，烽煙不息，很多青壯年戰死。可汗又下詔書徵兵，詔書下到一姓花的牧民家中，可老爹年事已高，花木蘭替父從軍又沒有成年男子可去代替，怎麼辦呢？老漢的女兒木蘭只好挺身而出，女扮男裝，替父從軍。因該女子自小在馬背上長大，又善射騎，學過武術，後來在戰場上屢屢立功。後來鮮卑人根據這件事編出民歌《木蘭歌》傳唱，並被收入《文苑英華》中。後來此歌傳到漢族，經文人加工，寫成長篇敘事詩《木蘭辭》。

　　木蘭花因花木蘭的傳說更神奇了，木蘭女也成為抵禦外侵、保家衛國的俠女，受到人們的尊敬和廣泛傳頌，並把她作為孝女的楷模，成為人人敬慕的女英雄。不少地方還建起廟宇把她作為神仙來供奉，如湖北黃岡、安徽亳州、河南商丘、河北完縣等地均建有木蘭廟，用以紀念和祭奠花木蘭。

　　玉蘭花清香宜人，還有藥用價值，作散風寒、通五竅之用。中藥稱其花蕾為辛夷，《神農本草經》已收入，並列為上品。宋寇宗奭《本草衍義》云：「辛夷處處有之，人家園亭亦多種植，先花後葉，即木筆花也。其花未開時，苞上有毛，尖長如筆，故取象而名。花有桃紅、紫色二種，入藥當用紫者。須未開時收之，已開者不佳。」明李時珍《本草綱目》曰：「辛夷花初出枝頭，苞長寸許，而尖銳儼如筆頭，重重有青黃茸毛順鋪，長半分許。及開則似蓮花而小如盞，紫苞紅焰，作蓮及蘭花香。亦有白色者，人呼為玉蘭。」「主治五臟身體寒熱，風頭腦痛者。久服下氣，輕身明目，增年耐老。」由此可見，其藥用價值和吉祥延壽之內涵。

紫荊花開春庭暮
——趣話紫荊花

　　「風吹紫荊樹，色與春庭暮。」每當暮春時節，那一叢叢滿枝盛開的一簇簇紫色小花，像一群群集結的紫蝶在歡舞團聚，紫荊花風韻獨具，分外悅目。清代汪灝的《廣群芳譜》記載得比較詳備：「紫荊一名滿條紅，叢生，春開紫花，甚細碎，數朵一簇，無常處，或生本身之上。或附根上枝下直出

花。花罷葉出，光緊微圓，園圃庭院多植之。花謝即結莢，子甚扁。味苦，平，無毒。皮、梗、花氣味功用並同，能活血消腫，利小便解毒。」

紫荊屬豆科紫荊屬落葉喬木，高可達 10 餘公尺，引種庭院栽種後，通常又呈灌木狀，高達 3 至 6 公尺，花先開，4 至 12 朵簇生，似蝶形，滿枝都開滿紫色小花，因此又稱「滿條紅」。4 月紫荊花開，花謝葉出，單葉互生，葉心圓形，柄略帶紅色，像兩個心心相印的親密兄弟。花後結實，莢果形，扁平，深秋成熟。

紫荊原產於湖北西部的神農架，現中國各地庭院和公園均廣為栽種，成為美麗的觀賞花木，美化著人們的生活環境。現在神農架仍生有一種野生紫荊，為喬木。據當地老農說，此樹春天繁花滿樹，很是好看。

此木質硬細密，堪為良材。其樹皮、木材和根均可入藥，有活血行氣、消腫止痛、祛瘀解毒之功效。此外，還有一種變種的白花紫荊，花純白色，比較少見。在四川、雲南還有一種垂絲紫荊。花數朵一簇，集結於花枝上，花粉紅或玫瑰紅色，嵌有深紅色斑點，朵朵下垂，很是好看。另黃山也有一種黃山紫荊，為小喬木，花亦好看。

紫荊又稱「兄弟樹」，頗有靈性。為什麼紫荊稱「兄弟樹」呢？這裏有一個故事。據南北朝時吳均所著的志怪書《續齊諧記》載：漢代京兆（即今陝西長安）有田姓三兄弟分家，把家中所有財產平分三份，每人一份。只有院中一棵紫荊樹不好分，經兄弟三人商定要把這棵紫荊樹劈開，一分為三。

本來說好第二日動手，哪知到第二天一看，那棵好端端的紫荊樹突然枯死了，就像被大火燒過一樣。老大田真見了大驚，對兩個弟弟說：「這棵紫荊樹聽說我們弟兄要把它一破為三，憔悴而死。咱們是一母所生的兄弟，卻把

家業一分為三，樹似無情卻有情，真是人還不如樹啊！」

田真悲不自勝，兩個弟弟也甚感慚愧，便決定不再分家，也不再破樹。奇跡出現了，那棵紫荊樹又死而復榮。田氏兄弟三人見了也都很感動，深受啟示。於是，弟兄三人合力同心，共同奮鬥，日子越過越紅火。不久，田家成了「孝門」，田氏三兄弟重議闔家大哥田真也官運亨通。從此，紫荊樹有了「兄弟樹」的別稱。

舊時有一種風俗，老人們常喜在庭院栽上幾株紫荊樹，用這個故事來告誡子女們：兄弟之間要團結互助，和睦相處，家和才能萬事興！這個故事千百年來已傳為佳話，成了兄弟姐妹團結和諧的象徵。同時，這個故事也說明了，中國早在漢代已廣泛栽種紫荊樹。

唐代大詩人李白就以此故事寫有《上留田行》詩一首，感歎田氏兄弟失和，紫荊花枯的故事。詩云：

> 田氏倉促骨肉分，青天白日摧紫荊。
> 交讓之木本同形，東枝憔悴西枝榮。

唐代詩人韋應物也曾寫有一首《見紫荊花》詩。詩云：

> 雜英紛已積，含芳獨暮春。
> 還如故園樹，忽憶故園人。

該詩寫詩人在一年暮春時，看到雜花紛謝，花瓣堆積，紫荊花含芳獨自

盛開，忽然想起自家庭院中的那棵紫荊花。睹花思親，由此又思念遠在故鄉的諸弟。在短短 20 個字中，樸實無華地流露出兄弟之間的真摯感情，真是手足情深，令人感動。

這種普通的花卉，這個平凡的故事，賦予紫荊花深刻的文化內涵，並常常給人以啟示和教誨。後來，書上也常以「紫荊」、「荊枝」的典故來代表兄弟間手足之情。

香港特別行政區的區花為紫荊花，其區旗和區徽也均以五瓣的紫荊花為標誌。其實，此香港的紫荊花與本文所說的紫荊花並非一回事。香港紫荊花稱南紫荊，又名紅花羊蹄甲，為常綠高大喬木，革質的葉片圓形或闊心形，形如羊蹄甲，故名。其花 10 月至翌年 3 月開花，花期頗長，花為五瓣，花瓣紫紅色，間有白色的脈狀彩紋，清香四溢。盛花期時一片紫紅，如雲似霞，甚為好看，是香港的行道樹和公園主要綠化樹種，很受香港人喜愛。

雖然，此紫荊花與南紫荊有區別，但已深含中國花木文化的蘊意：一是香港每年春來，處處紫荊花開，繁葩滿枝，爛漫若霞，甚是好看，已成為香港的一道靚麗的風景。香港人已深愛這種富含兄弟情深寓意的紫荊花。再一是香港的回歸，也寓意分離多年的兄弟歸來，重新團聚。遙想在不久的將來，某一個春天紫荊花開時，中國與臺灣骨肉兄弟也會和平統一，為中華兄弟團聚，為中華大家園的和諧統一而歡聚一堂。

牡丹天香真國色

——趣話牡丹

「疑是洛川神女作，千嬌萬態破朝霞。」在人間有一種花，它雍容華貴，冠絕群芳，成為萬花一品的花王；有一種花不畏權貴，自強不息，集中華文明之精華；有一種花，已成為中華亙古不變美的化身，代表所有眾卉之國色——它就是牡丹。牡丹，那絢麗的色彩，雍容的風度，婀娜的美姿，芬芳的香氣，深得國人的喜愛，因獲「百花王」、「富貴花」、「國色天香」等美稱。

牡丹為中國特產的名花，原產中國北部秦嶺和陝北山地，多為野生，係芍藥科落葉小灌木，又有鹿韭、鼠姑、唐花、洛陽花、百兩金等別稱。牡丹在中國栽培歷史十分悠久，品種繁多，芳姿麗人，花大且豔，有單瓣、重瓣之分，花色有紅、黃、藍、白、綠、紫、墨、粉等。《花鏡》已載有 131 個品種，《群芳譜》載有 180 個品種，明代薛鳳翔的《亳州牡丹表》列有 269 個品種，分為神品、靈品、名品、逸品、能品、具品六大品類。

牡丹花色繁多，品種無數，每逢四五月花開時節，爭奇鬥豔，美不勝收。有金光燦燦、千瓣重疊的花王「姚黃」；有麗質無雙、光彩照人的花後「魏紫」；還有一莖兩花、綽約俊俏的「合歡」、「二喬」，真是姹紫嫣紅，千姿百態。再看那妖嬈嫵媚的花瓣上吐出的金絲般的花蕊，真像是讓人豔羨的雍容華貴的美人，很有唐風遺韻。

古人認為牡丹品位最高的當數黃色和紫色，有「姚黃魏紫」之稱，很得人們的青睞，被公認為牡丹之冠、王中之王。姚黃是由宋朝民間姚氏家中培育出來的，有「花王」之譽。魏紫出壽安山中，由樵人發現，後周魏仁浦買

去置於後花園，遂名魏紫，譽為「花后」。此外，還有瑪瑙盤、九蕊、真珠、御衣黃、鶴翎紅、鹿胎花、觀音面、醉楊妃、素鸞嬌、睡鶴仙、藕絲霓裳等名品，難以一一備述。

中國栽培牡丹的歷史比較古老，已有 2000 年的歷史。《神農本草經》已有記載。到隋唐時期，種植牡丹已十分普遍。王應麟《玉海》曾載：「隋煬帝闢地二百里為西苑，詔天下進花卉，易州進二十箱牡丹，有赭紅、 紅、飛來紅、袁家紅、醉顏紅、雲紅、無外紅、一拂黃、軟條黃、延安黃、先春紅、顫風嬌等名。」僅紅色牡丹就有這麼多顏色和品種。

古時沒有牡丹之名，稱為木芍藥，《廣群芳譜》曰：「牡丹初無名，依芍藥得名，故其初曰木芍藥，直到晉代方稱牡丹。」晉人崔豹《古今注》云：「芍藥有二種，有草芍藥，有木芍藥，木者花大而色深，俗呼為牡丹。」

唐代是牡丹最得寵的時期，首先受到皇帝的青睞，定牡丹為「國色」，不僅皇宮後苑遍植，而且朝野士庶、普通人家也多栽植。每當牡丹花開，舉城若狂。唐代李肇《國史補》中有記載「京城（洛陽）貴遊尚牡丹三十餘年矣，每春暮，車馬若狂，以不耽玩為恥」，「一本有值數萬者」。《群芳譜》也記有：「唐開元中，天下太平，牡丹始盛於長安。」因此，唐詩人劉禹錫有詩云：「唯有牡丹真國色，花開時節動京城。」白居易亦有詩云：「花開花落二十日，一城之人皆若狂。」這些詩句真實地記敘了當時京城洛陽種賞牡丹的情景。

據傳，有一次唐玄宗攜楊貴妃於沉香亭前賞牡丹時，問隨臣詠牡丹之詩何者為首，陳修已以李正封的詩「國色朝酣酒，天香夜染衣」上奏。根據這句詩頭兩個字組合，牡丹便有了「國色天香」之稱。唐代詩人皮日休亦有詠

牡丹詩：「落盡殘紅始時芳，佳名喚作百花王。」牡丹從此又有了「百花王」的美譽。明李時珍《本草綱目》亦說：「群花品中，以牡丹第一，芍藥第二，故世謂牡丹為花王。」

　　唐代，每當牡丹花開繁盛，花團錦簇時，宮廷官家、風雅之士、文人墨客，有喜列筵賞花之韻事。李白的《清平調》三章，即作於一次賞花宴飲之際。事寫唐開元年，正值木芍藥（牡丹）盛開，楊貴妃詔梨園弟子李龜年。李手捧檀板正欲唱，唐玄宗曰：「賞名花，怎麼用舊樂辭呢？」遂宣翰林學士李白作新辭，李白欣然承詔旨意，作《清平調》三章，辭曰：

> 雲想衣裳花想容，春風拂檻露華濃。
> 若非群玉山頭見，會向瑤臺月下逢。
> 一枝紅豔露凝香，雲雨巫山枉斷腸。
> 借問漢宮誰得似？可憐飛燕倚新妝。
> 名花傾國兩相歡，長得君王帶笑看。
> 解釋春風無限恨，沉香亭北倚闌干。

　　李白寫罷，宮廷歌手李龜年擊節揚聲，梨園弟子絲竹齊奏，歌聲悠揚婉轉，十分動聽。唐玄宗與楊貴妃聽得喜笑顏開。根據以上故事，故人們封楊貴妃為牡丹花神。

　　人們喜愛牡丹，更重要的是對牡丹的不畏權貴、不趨炎附勢品格的推崇。相傳唐初，武則天自立為皇帝。一個嚴寒的冬日，她酒醉後看到盛開的梅花，興致大發，隨寫下一首《臘月宣詔幸上苑》的詩：

明朝游上苑，火急報春知。

花須連夜發，莫待曉風吹。

女皇親自下詔，百花不敢違抗，一夜之間百花盡吐蕊開放。

第二天，武則天來到上苑，只見百花吐豔，萬紫千紅，芳菲滿目，眾卉競芳。可是，唯獨牡丹不肯聽旨，莫說開花了，連一片葉子也沒有。武皇勃然大怒，立即命令用火焚牡丹，並把御花苑中數千株牡丹都挖出，移植到東都洛陽，以示貶斥。此後，牡丹在洛陽安家，開出豔麗的花朵，而且越開越盛，「焦骨牡丹」以此得名，也就是今天的「洛陽紅」。從此也有了「洛陽牡丹甲天下」之稱。清朝末年，臺灣愛國詩人丘逢甲就有一首《詠牡丹》詩記述了這件事：

何事天香吐欲難，百花方奉武皇歡。

洛陽一貶名尤重，不媚金輪獨牡丹。

「金輪」本是指佛經中說的轉輪王中最傑出的金輪王，武則天便以此自稱為「金輪聖神皇帝」，這裏的「金輪」代指武則天。該詩讚頌了牡丹不奴顏媚骨，不侍奉承，高潔不阿的凜然正氣；讚頌了牡丹雖遭貶斥，卻自強不息的高貴品格。從此，牡丹成了不懼權威的象徵，獲得了「花品第一」的美稱。

到了宋代，洛陽牡丹已名冠天下，並有了「洛陽花」之稱。當時，賞贊、吟詠牡丹之風盛行。特別是牡丹花開時節，往往是傾國傾城，男女老幼，相攜觀花，詠詩賦詞，蔚為大觀。宋歐陽修《洛陽牡丹記》云：「洛陽之

俗大抵好花，春時城中無貴賤皆插花，雖負擔者亦然。花開時，士庶競為邀遊，往往於古寺廢宅有池臺處為市井，張幄幕，笙歌之聲相聞。」當時詩人梅堯臣有詩云：「洛陽牡丹名品多，自謂天下無能過。」據《洛陽花木記》載：當時洛陽牡丹已有 100 多個品種，並已培育出「姚黃」、「魏紫」、「縷金黃」等名貴品種。明、清以後，中國很多地方都植牡丹，主要以安徽亳州、山東菏澤等地較有名。

牡丹花色美豔，姿態雍容華貴，人們常作美女的象徵。唐代鄭懷古《博異志》記有牡丹化為美人的故事。唐代崔玄微在花園中遇到幾個美人，對崔玄微說：「以前『十八姨』（即風的別稱，為風神）常幫助我們，後來我們得罪了『十八姨』，常遭難。請你在每年二月初一，做一面上畫有日、月、星的小紅旗插於園中，我們就可免難了。」二月初一那天果然刮起寒冷的大風，崔玄微照此言而行，他家園中的牡丹完好無損。這幾個美人就是牡丹的化身，她們得救後，很是感謝崔玄微，牡丹開得更豔更美。後世便以牡丹來喻雍容華貴、高雅大方的美女。

牡丹作為吉祥花，除花色豔麗、花姿雍容，可供觀賞外，其根皮（牡丹皮）還是貴重的中藥材。能清熱、涼血、活血、消瘀，可治驚癇、吐衄便血、骨蒸勞熱、閉經、痛瘍、撲損、熱入血分等，但血虛有寒者、孕婦及月經過多者慎用。

相傳唐太宗李世民率軍征戰，有一次，部隊行至安徽銅陵鳳凰山時，很多將士突染時疫，高燒不退，神昏譫語。軍醫也一時手足無措，束手無策。當時，軍內有個老兵，原來是花農出身，又懂些中醫，他知道牡丹的藥用價值，見滿堂富貴山溝裏山坡上到處長著野牡丹，便採來牡丹根皮，洗淨後搗

爛，再調水為漿給患病士兵試喝。凡服藥的將士很快就病除，恢復如常。李
世民登基稱帝後，仍不忘這位老兵和牡丹之功，封老兵為御醫，牡丹為「花
中之王」。

牡丹作為吉祥花，象徵幸福美滿、繁榮昌盛，又稱「富貴花」，春節時，
人們多喜歡貼繪有牡丹花卉的吉祥圖案和剪紙、年畫等。如繪有牡丹與長壽
花（即月季花）或白頭鳥的紋圖，為「富貴長壽」；繪有蔓草纏在牡丹花枝上
的紋圖，為「富貴萬代」；繪有牡丹與海棠的紋圖為「滿堂富貴」；繪有牡丹
與芙蓉花的紋圖為「榮華富貴」；繪有牡丹、海棠、玉蘭花的紋圖為「玉（玉
蘭）堂（海棠）富貴（牡丹）」；繪有牡丹插在花瓶裏，或牡丹配有蘋果（或
竹）的紋圖為「富貴平安」；繪牡丹、壽石（或松、或壽字）的紋圖為「富貴
壽考」等。舉凡與富貴繁榮、幸福美滿的命題，均用牡丹來表示，可見，牡
丹已成為國人心目中的吉祥之花、幸福之花、富貴之花。

在鄂西、湘西等一些地區至今還延續著生女兒種牡丹的習俗。相傳很久
以前，有一個獵人上山打獵。當他走入一片深山老林時，忽見一隻老鷹正在
啄一隻小鳥。獵人舉槍打死了老鷹，可是一看小鳥已死。獵人把小鳥埋下，
不一會兒，埋小鳥處竟長出一株美麗的牡丹。獵人感到很神奇，也很喜愛這
株牡丹，就將牡丹移回家栽於後院。說來也巧，第二年牡丹花開之時，獵人
家生了一個女兒，長得和牡丹一樣讓人疼愛。獵人認為女兒是牡丹的化身，
於是在女兒長大出嫁時，將這株牡丹送給女兒作陪嫁。從此以後，生女兒種
牡丹的習俗便一代代傳承下來。

牡丹花「美膚膩體，萬狀皆絕」。它比梅花雍容，比桃花端莊，比荷花
豐腴，比菊花豔麗，以其國色天香，歷代文人都為之傾倒。

露紅煙紫不勝姸
——趣話芍藥

一聲鴣鴃畫樓東，魏紫姚黃掃地空。
多謝花工憐寂寞，尚留芍藥殿春風。

　　暮春時節，牡丹已殘，花事闌珊，唯有綽約多姿的芍藥殿春而放，花光
濃豔，嫵媚多姿，別有一番情致。芍藥與牡丹為姊妹花，花容相似，雍容富
麗，嫵媚豐腴，兼有色、香、韻三者之美。故《爾雅》云：「群花品中以牡丹
為第一，芍藥為第二，故世謂牡丹為花王，芍藥為花相。」因芍藥綽約多
姿，李時珍在《本草綱目》中云：「芍藥，猶綽約也。綽約，美好貌。此草花
容綽約，故以為名。」

　　芍藥嬌容可愛，曾獲很多美稱佳名，《廣群芳譜》云：「一名余容，一
名，一名犁食，一名將離，一名棃尾春，一名黑牽夷。」《本草綱目》云：「一
名白朮，一名解倉，白者名金芍藥，赤者名木芍藥。」此外，因芍藥花色紅
豔嬌美，又稱「紅藥」和「嬌容」、「豔友」。又因芍藥花開於春末，故又稱
「殿春」、「棃尾」。宋代詩人蘇軾的詩中就寫有「尚留芍藥殿春風」句。遠在
周代，民間就有一種風俗，男女在交往時以芍藥相贈，作為結情之約；朋友
離別之時，也贈以芍藥花，表示惜別之情。所以，芍藥古時還有「離早」、
「離草」、「可離」、「將離」等別名。

　　芍藥在中國栽培歷史悠久，而且早於牡丹。《通志略》中即云：「芍藥著

於三代之際，風雅所流詠也。今人貴牡丹而賤芍藥，不知牡丹初無名，依芍藥而得名，故其初曰木芍藥，亦如木芙蓉之依芙蓉以為名也。牡丹晚出，唐始有聞，貴遊競趨，遂使芍藥落譜衰宗雲。」以上所說「三代」即指夏、商、周三代。可見，芍藥早在夏、商、周時已有栽種，是中國最古老的花卉之一。《山海經》中亦記有：「條谷之草多芍藥。洞庭之上多芍藥。」早在中國2500 多年前的《詩經・鄭風・溱洧》中亦云：「維士與女，

伊其相謔，贈之以芍藥。」這裏的「芍藥」，即芍藥。早在商、周時期，芍藥就已成為男女相悅的饋贈之物。

芍藥屬芍藥科，姿色與牡丹相似，區別在於芍藥為草本，牡丹為木本。古時，牡丹即叫木芍藥，芍藥叫草芍藥。芍藥到了秋天莖葉凋零，宿根留於土中，每年初春生芽，叢叢長出，每莖一枝三葉，春末開花，單生枝梢，朵大色豔，或紅或白、或紫或黃，如盤如碗、如燈如冠。特別是在綠葉的映襯下，真乃風姿綽約、嬌容動人。

古代芍藥以江蘇揚州為最佳最盛。宋時有「洛陽牡丹，廣陵（揚州）芍藥」之說。宋詩人蘇東坡云：「揚州芍藥為天下冠。」他還有詩云：「揚州近日紅千葉，自是風流時世妝。」所以，芍藥又名揚花。另據《漁隱叢話》所記：宋代蔡繁卿任揚州太守時，每年都要舉辦萬花會，展出的花有千萬餘枝。由於這些花都是從民間強行搜羅上來的，使得很多園林殘敗。而官吏互相勾結為奸，乘機刮民脂膏，百姓痛恨。後來，蘇東坡到揚州就任時，問民間疾苦，都說萬花會是擾民大害，蘇東坡下令不許再舉辦。此後，揚州芍藥栽培繁盛起來，僅朱氏花園南北二圃就栽有芍藥 6 萬餘株。明代始，北京豐臺也成為芍藥栽培中心。後來，遂有「豐臺芍藥甲天下」之說。現在，芍藥

栽培在中國更為廣泛，較著名者當數醫藥之鄉的安徽亳州，牡丹之鄉的山東菏澤，不僅品種多，經驗豐富，而且已形成規模。

芍藥花色豔麗，五彩斑斕，有近 200 個品種。在各色佳品中，比較名貴者，紅色的有醉西施、冠群芳、紅霞映日；白色的有掬香瓊、玉逍遙、青山臥雪；黃色的有御衣黃、金帶圍、黃樓子；紫色的有寶妝成、疊香英、烏龍探春；粉紅的有西施粉、貴妃浴、胭脂點玉等，其中尤以黃者為貴，但不多見。《廣群芳譜》云：「黃樓子為冠，如牡丹之姚魏也。」

芍藥按其花瓣和花型又可分為單瓣、複瓣、千瓣和樓子四類。單瓣的為單層花瓣，主要有紫單片、紫玉奴等；複瓣的為雙層花瓣，有烏龍捧盛等；千瓣的為多層花瓣，有平頂紅、繡紅袍等；樓子的為千瓣花為兩重，如花中再建「樓閣」，又稱千層臺閣、樓子臺閣。這些花型中猶以樓子臺閣最為好看，上下重疊，花朵碩大，花容豐滿。芍藥香氣較淡，實為憾事。但傳古代有一種蓮香白，暗香浮動，清香如蓮，沁人心脾，可惜今已失傳。

芍藥榮於仲春，華於孟夏，綠葉扶疏，姿色嬌豔，繁麗豐碩，歷代詩人墨客不惜筆墨，為之稱頌，寫下大量膾炙人口的詩篇佳詞。對芍藥喜愛有加者當數唐代詩人柳宗元。永貞元年（805 年），柳宗元因參加王叔文集團改革失敗而被貶謫永州。暮春時節，百花漸謝。一天早晨，柳宗元看到階前的芍藥迎著朝陽，綴著晨露，正在盛開，豔麗窈窕。詩人便仿傚古代鄭國（今鄭州）溱洧的風俗，以芍藥為相親相愛的南國佳人，興筆寫下《戲題階前芍藥》詩：

凡卉與時謝，妍華麗茲晨。

欹紅醉濃露，窈窕留餘春。

孤賞白日暮，暄風動搖頻。

夜窗藹芳氣，幽臥知相親。

原致溱洧贈，悠悠南國人。

芍藥不僅花豔色美，可供觀賞，而且根還可入藥，藥名有白芍藥、赤芍藥之分。白芍藥性味苦酸、涼，有養血柔肝、緩中止痛、斂陰收汗的功效；赤芍藥有行瘀、止痛、涼血、消腫的功效。

關於用芍藥治病，還有一個傳說故事。相傳三國神醫華佗，在家鄉安徽亳州時研究花草的藥性，嘗過芍藥的莖、葉、花後，誤認為芍藥沒有什麼藥用價值，被棄之。夜裏，華佗正在看藥書，聽窗外有女子啼哭。華佗出門看時，窗下並沒有人，只有栽種的芍藥。這樣反覆多次，華佗與妻子敘說此事，妻子說：「這可能是芍藥在哭。那麼多花木都在你手下成了治病良藥，可是芍藥卻被你冷落了，肯定是你沒有查清其用，所以芍藥才委屈而哭。」華佗說：「我已嘗遍了它的花、葉、莖，都沒有藥效。」他妻子說：「我聽說它的根可治婦科病，你查它的根了嗎？」華佗並沒在意。

一天華佗外出，妻子經血如注，小腹絞痛，其妻用芍藥根煎水飲之，血止痛消。妻子便把此事告訴了華佗。經研究，華佗發現芍藥確實是一味良藥。從此亳州開始廣種芍藥，這裏成了「芍藥之鄉」。古代亳州又稱「小黃」和「譙」。從明代開始，這裏就流傳有兩首民歌：

一

小黃城外芍藥花，五里十里生朝霞。

花前花後皆人家，家家種藥如種麻。

二

譙國名花世所稀，由來佳種滿柴扉。

萬枝濃豔人爭愛，一經清風露未晞。

亳州白芍藥已成為安徽四大名藥之一，質與量均居全國之首，質堅效好，粉白如玉，並廣泛運用於食品、飲料和調味品中，很受歡迎。著名的「十全大補湯」即是以白芍藥為首藥，可補氣血陰陽，大增元氣，非常受人喜歡。

芍藥繁殖常用分株法。分株只能在秋季進行，不能在春天。花農有諺語曰：「春分分芍藥，到老不開花。」「七芍藥，八牡丹」（即指農曆七月芍藥分株，八月牡丹分株）。這些都是勞動人民長期積纍的經驗。分株時，先將芍藥微晾，待根呈微萎蔫狀，按3至4芽一叢，不可傷根，若有損傷，可以草木灰或硫黃粉塗傷口處，以免細菌入侵。然後再種植，澆水，若土壤濕潤，則不必澆水，避免傷口腐爛。

芍藥綽約美豔，嫵媚多姿，深得人們的喜愛，相傳在山東、河南有些地方，民間不僅把它作禮物饋贈，還有在女兒出嫁時送芍藥的風俗。意思為女兒像芍藥一樣豔麗，招人喜歡。

化作斑斕錦片新

——趣話石竹花

一自幽山別，相逢此寺中。

高低俱出葉，深淺不分叢。

野蝶難爭白，庭榴暗讓紅。

誰憐芳最久，春露到秋風。

　　唐代大曆十才子之一的大詩人司空曙，有一次路過雲陽寺，恰逢那裏的石竹花正競豔爭放，高高低低，花葉相間；深深淺淺，叢叢相連。

　　蝴蝶在花間飛舞，白色的花比白蝴蝶還白，紅色的花比石榴花還紅。特別是石竹花的香氣，能從暮春飄到秋天！詩人對石竹花的喜愛之情難抑，隨吟以上《雲陽寺石竹花》詩一首。

　　石竹花又叫洛陽花，原產中國東北、西北和長江流域的山野之中，為石竹科多年生草本植物，花期為 4 至 6 月，株高盈尺，莖枝纖細，柔弱清雅，枝葉青翠，花豔如錦。花色有紫紅、淡紅、純白等。花瓣細絨鑲邊，玲瓏俏麗，因此還有「美人草」之稱。每當 5 月石竹花盛開時，繁多的品種令人目不暇接：其中有花瓣似鳥翎的羽瓣石竹，花瓣尖端有深深裂口，狀如羽毛，花型較大；有花團錦簇的錦團石竹，花如疊繡，豔麗奪目；有婀娜多姿的少女石竹，花生枝頂，楚楚動人；有色彩絢麗的五彩石竹，五色斑斕，爭奇鬥豔。此外，還有花色深紅的常夏石竹，以及常夏石竹、香石竹雜交的色豔花香的金林石竹和植株矮小的矮石竹。在眾多的石竹中，最受人們鍾愛、寵幸

的是香石竹。

香石竹，又稱麝香石竹，不僅色彩豔麗，而且香氣芬芳，株高可達 80
公分，對生有點像竹葉；花單生，或 2 至 3 朵簇生於枝端，

花色有粉紅、紫紅、鵝黃、粉白，還有瑪瑙及鑲邊的複色等，花期 5 至
10 月。

香石竹有一個美麗而溫馨的洋名字，叫康乃馨，現在世界各地均廣泛栽
培。說起康乃馨人們都比較熟悉，它還被稱作「母親之花」。每年 5 月的第二
個星期日是母親節，人們為了感激、紀念和尊敬母親，都要佩上香石竹花，
如果母親健在者就佩紅色香石竹花；如果母親已去世的子女就佩白色香石竹
花。

石竹花不僅絢麗多彩，花香芬芳，而且還被賦予了孝敬母親、感恩母親
的中華傳統孝道文化內涵，難怪歷代文人墨客對石竹花讚歎不絕。

宋代詞人晏殊的《採桑子》詞，把石竹比佳人，更寫盡了石竹花的芳妍
紅英，秀美奪目，楚楚動人。詞云：

古羅衣上金針樣，繡出芳妍。玉砌朱闌，紫豔紅英照日鮮。
佳人畫閣新妝了，對立叢邊。試摘嬋娟，貼向眉心學翠鈿。

石竹可供觀賞，還可入藥。中藥稱為「瞿麥」。《本草圖經》云：「瞿麥，
今處處有之，苗高一尺。葉尖小青色，根紫黑色，形如細蔓菁，花紅紫赤
色，亦似映山紅，二月至五月開，七月結實作穗，子頗似麥，故以名之。」

石竹花在夏秋季花還未開放前採割全草，曬乾入藥。其味苦、寒，有清

熱利水、破血通經之功效。可治療小便不通、淋病、水腫、閉經、目赤障
翳、浸淫瘡毒等。另外，香石竹因為芳香，人們很早就開始將花曬乾用於沖
花草茶喝。香石竹花還可以提取製作香水的芳香劑。

紫藤花蔓宜陽春
——趣話紫藤花

　　夏日傍晚，漫步紫藤花下，綠蔓濃蔭，清風送爽。一串串紫藤花垂掛，
像一群群聚集的紫蝴蝶在悄聲細語，帶來一陣陣幽香；又像一串串成熟的紫
葡萄，令人垂涎欲滴；更像一條條瀑布懸空而下，讓人驚歎不已……

　　紫藤又叫藤蘿、朱藤、葛花、招豆藤、紫金藤等，是蝶形花科的大型木
質藤本植物。它枝條粗壯，皮灰白色，縱深裂紋，有很強的攀緣力；羽狀複
葉上有絨毛，老葉光滑；花紫色或淡紫色，呈蝶形，芳香宜人；數朵花聚集
下垂的花穗，夜夜含苞，朝朝開放。

　　花序長 20 至 30 公分或更長，花序排列密集，有花 30 至 100 朵，陸續開
花，上面的開了，下面的待放，花倒垂芳香。花後結條形豆莢，裏面有 1 至 3
粒豌豆似的種子。

　　紫藤生長迅速，適合美化園林環境，較受人們歡迎。《花經》曰：「紫藤
本野生，莖卷絡於他物而上伸；葉羽狀，對生，小葉長圓形；晚春花隨新葉
而發，花軸下垂；花色不一，因品種而異；軸亦有長短之別，故花朵著生
數，少者二三十朵，多者七八十朵；花有酒香，開蝶形花於三月中旬，若無

風吹雨打，可經二周不凋；花後結實為長莢，外披毛茸，短而密生，內含種子三四顆，形如蠶豆，莢初呈綠色，成熟時色變黑褐；果實俗呼木筆。」

中國是紫藤的原產地，在中國栽培已有 2000 多年的歷史。早在《山海經》中就有關於紫藤的記載：「卑山其上多櫐。」古時藤不叫藤，而叫「櫐」或「蘲」。《爾雅》亦曰：「諸慮山櫐。」東晉郭璞注：「今江東呼櫐為藤，似葛而粗大。」《廣雅》云：「蘲，藤也。」古人所說的藤，即指紫藤。南朝梁簡文帝蕭綱就有一首《詠藤》詩：「標春抽曉翠，出霧掛懸花。」他所詠的就是紫藤。

由於紫藤花形美麗典雅，花串懸垂，風姿綽約；紫藤樹蜿蜒盤曲，枝蔓糾結，若蛟龍出波濤中，受到歷代人們的喜愛和詩人的贊詠。中國唐代大詩人李白寫有一首《紫藤樹》詩云：「紫藤掛雲木，花蔓宜陽春。」唐代詩人李德裕有《憶新藤》詩云：「遙聞碧潭上，春晚紫藤開。」

紫藤花在中國各地均有栽培，由於紫藤人工授粉容易成功，所以現在品種繁多。江南有一種多花紫藤，花序比一般紫藤長一倍，花多略小；還有一種開白花的紫藤稱銀藤，枝幹細瘦，香氣較濃；還有一種野田藤，有紅白兩種，花小軸長，盆、地均可栽種。盆栽的小型紫藤品種，有花白香濃的麝香藤，有開桃紅色花的紅玉藤，有開碧玉色花的白玉藤，有紅、白兩色，軸長尺許的一葳藤，有花色藍紫、花序小的南京藤等。

紫藤生長的壽命長，各地均可見有蟠龍古雅的數百年老紫藤，如今江蘇就有一棵 460 多歲樹齡的紫藤，主幹形同虯龍盤旋，並在紫藤樹旁的牆上就篆刻有居住在這裏的明代詩人王世貞題寫的詩句「蒙茸一架自成林」，說明了這棵紫藤的妙處。

紫藤適應性強，生長迅速，既耐陰、耐寒，也耐瘠、耐旱，同時對有害氣體的抗性也較強，適合城市、工礦、公園栽植。紫藤不僅可供觀賞，花和嫩葉還可食用；其枝條柔軟，可編制用具；其莖皮纖維可作織物。種子能入藥，治食物中毒，驅除蟯蟲，亦可榨油。紫藤繁殖用扦插、壓條、播子、嫁接法均可。

芳蘭移取遍中林
——趣話百合花

百合，寓「百事合心」、「百事好合」之意，歷來就被視為如意之花、吉祥之花，用來象徵純潔、幸福、和諧、友愛、萬事如意。所以，人們在婚嫁壽誕、喜慶吉日，就常喜歡以百合花相餽贈，以祝賀百年好合，白頭到老，合心適意。

民間也常把百合花作為祥瑞之物，繪於傢俱或建築物上，以祈百事吉祥如意、和合安順。如繪百合花（或鱗莖）、柿子和靈芝的紋圖為「百事如意」，繪百合花、荷花和靈芝的紋圖為「和合如意」，繪百合花鱗莖和萬年青的紋圖為「和合萬年」等。法國甚至還把百合花作為國徽圖案。

百合是一種多年生百合科草本植物，地下鱗莖由數十片鱗片合抱在一起，形似大蒜，故稱為百合。百合花莖直立，高者達 1 公尺左右，葉生中部和上部，葉秀而綠，花生莖端，一般 1 至 4 朵，朵大色豔，呈喇叭形，有白、乳白、黃、橘紅等色，夏天 5 至 8 月開放，花姿高雅，馨香馥郁，招人

喜愛。

百合在中國栽培歷史悠久，南北朝時，梁武帝蕭衍就曾寫有一首《百合花》詩，讚頌其葉多重，花無異色，含露低垂，隨風搖曳，婀娜多姿，詩云：

接葉有多種，開花無異色。
含露或低垂，從風時偃仰。

到了唐代，人們已把百合花作為觀賞花卉，在庭院廣泛種植，唐段成式《酉陽雜俎》記曰：「元和末，海陵夏侯乙庭前生百合花，大於拳數倍。」元和為唐憲宗李純的年號，距今已 1000 多年，而且花朵有拳頭數倍大，可見品種之優。

百合作為吉祥物深得人們的喜愛，一是它的花集眾花之長，色、香俱佳，花姿高雅，花香芳馨；二是其鱗莖可食用，又是珍貴的中藥。鱗片含有大量澱粉、蛋白質和脂肪，熬成百合粥，味道鮮美，能養心潤肺，健脾益胃，讓人百食不厭。如用其鱗莖曬乾成粉食用更好，明代《遵生八箋》云：「採根瓣曬乾和麵作湯餅蒸食，甚益氣血。」中醫認為百合味甘平無毒，能潤肺止咳，寧心安神，常用於肺結核咳嗽、痰中帶血、神經衰弱、心煩不安等症。真可謂觀賞與食用、藥用之上品。

相傳宋代詩人陸游非常喜歡種植百合，如果遇百合新品種，就會如獲至寶一樣高興。在他已七十多歲時，偶獲兩叢香百合，喜之不盡，遂寫一首七言絕句《百合花》詩記曰：

芳蘭移取遍中林，餘地何妨種玉簪。

更乞兩叢香百合，老翁七十尚童心。

　　人們喜愛百合，民間還流傳不少有關百合花的神奇故事。《集異記》中就記有一個關於百合的動人故事。

　　從前，山東泰安的徂徠山有座光化寺，一位書生在此讀書習文。盛夏的一天，他在寺院廊下忽見一位年方十五六歲的白衣少女，姿貌秀美。兩人相遇後，情意甚密。臨別時，這位書生贈她一枚白玉指環。白衣少女走出寺門百步遠便忽然不見了。書生趕緊奔過去，卻見地上長著一株百合，正開著一朵碩大的百合花。書生將百合挖出一看，見其根大如拳頭，像塊玉石，便捧回細看，未見奧秘。他就又把層層鱗片剝開，發現所贈白衣少女的玉指環藏在其內，這才悟出那位白衣少女原來是百合花的化身。書生懊悔得大哭一場。

　　另有一傳說，古代有一夥海盜搶劫了一個漁村，並把婦女、兒童劫持到一個荒島上。有一次，海盜又外出搶劫，遇風暴而全部葬身海中。孤島上的婦女、兒童把島上可吃的食物全部吃光了，只好靠野菜充饑。

　　一天，一個婦女在荒島上挖出一種比蒜頭大的開花植物的根莖，拿回來煮食，不僅可以充饑，而且味香可口，吃後頓時感到虛弱的身體也有力了，咳嗽病也好了。這位婦女就帶著大家都去挖這種根莖來吃。

　　不久，一艘商船途經荒島救回了她們，臨走時她們帶了一些這種植物回家種植，只是當時不知道叫什麼名字。因當時被救出的婦女、兒童剛好一百人，所以就叫這種植物「百合」。此後，百合的食用、藥用價值被人們所認

識，便在各地廣泛種植起來。

　　還有一個傳說，是說蜀國國王年事已高，已有 10 個夫人為他生了 100 個兒子。60 多歲時，蜀王又娶了一個年輕貌美的寵姬，生下第 101 個兒子。寵姬為了讓最小的兒子繼承王位，便上讒言說國王原來的夫人和 100 個兒子想造反。蜀王年老昏庸，便把原來的夫人和 100 個兒子趕到遙遠的地方去了。

　　當時滇國見蜀王昏庸無道，乘機攻打蜀國。因當時蜀國已人心渙散，國力衰落，滇國很快便攻佔很多地方，並逼近蜀國國都。在這萬分危急之時，被趕走的 100 個兒子率領士兵回來，經過血戰，打敗了滇軍，奪回了領地。後來，在這 100 個兒子與滇軍作戰的地方長出一種開鮮紅喇叭花，長有球莖的植物。因這百子合力救國，所以人們便稱這種植物為「百合」。

　　百合花品種繁多，全世界已有 80 餘種，中國就有 40 餘種，其異名頗多，如中庭、摩羅、思蒜、強瞿、途花、捲簾花、燈傘花、夜合花、中篷花等。栽培品種有卷丹、山丹、麝香、峨眉、王香、大衛、鹿子、青島、蘭州百合等。其中卷丹、山丹、蘭州百合等品種較負盛名，可供食用。如卷丹，又名黃百合、倒垂蓮等，莖高 1 公尺多，夏季開花，生頂端，色橙黃，瓣反卷，瓣上有紫斑點，故又稱虎皮百合，長江下游各地栽培較廣。特別是南京所產的卷丹，鱗莖肉質肥厚、味甜個大。因其具有較高的觀賞價值和食用價值，深得人們的喜愛。再如山丹，又名連珠、紅百合、渥丹，花有紅、黃二色，紅色稱緋百合，黃色叫黃百合，花瓣平展，鱗莖球形，比卷丹小，亦有觀賞和食用價值。宋代詩人蘇東坡曾有詩贊曰：「堂前種山丹，錯落瑪瑙盤。」

　　另如，蘭州百合是川百合的變種，花鮮紅或橘紅，花瓣反卷，香氣濃

鬱，鱗莖肥大豐滿，鱗片白淨，肉質細膩，耐貯藏，品質較佳，在市場上很受歡迎。

百合花香、色絕異的是麝香百合，不僅花大潔白，且基部呈綠色，香氣濃鬱醉人，很受人們喜愛。清代詩人劉灝有詩贊曰：「夜深香滿屋，疑是酒醒時。」

天下無雙獨此花
—— 趣話瓊花

> 凝煙欲滿讀書窗，忽有瓊花樹小缸。
> 更喜風流好名字，百金一朵號無雙。

宋仁宗慶曆年間，時任職官的朋友送給呂本中一朵瓊花，置於案頭供養。他正讀書時，忽見瓊花盛開，異常驚喜，遂即吟出這首《謝人送瓊花》詩。呂本中詠瓊花。瓊，即美玉。瓊花花色潔白如玉，故稱。因該花性極嬌貴，難以養活，不像桃花、牡丹、海棠那麼普遍，世上極為稀少珍貴，百金方買一朵，當時最好的朋友才用此花相饋贈，是較貴重的禮品。

說起瓊花，人們自然會聯想到《隋唐演義》中所寫的暴君隋煬帝楊廣，他聽說揚州有瓊花開放，三次巡遊。

相傳，瓊花樹高一丈餘，樹頂開一朵碧玉色的鮮花，上有 18 片大葉，下有 64 片小葉，奇香無比，可香飄數里。楊廣聽說後，便興師動眾，帶領數

百人乘坐龍舟，前去觀看。誰知，楊廣剛趕到揚州，突然狂風大作，冰雪驟
降，瓊花全部凋謝，大煞風景。後來，楊廣為觀瓊花，曾三次下揚州，但都
沒看到。

　　還傳說，北宋慶曆年間，宋仁宗聽說揚州有瓊花，很為名貴，曾命人把
瓊花從揚州移到都城汴京（今河南開封）的宮苑中，可是移來後不久便枯萎
了，而把它送回故土揚州，又「敷榮如故」。到了南宋淳熙年間，宋孝宗趙
又命人把瓊花從揚州移到京都臨安（今浙江杭州），但它「逾年憔悴無花」，
只得又把它送回揚州。人們對瓊花的這種潔身自愛、不攀權貴的精神大加讚
賞，故人們讚譽其為「萬花魁」。宋代詩人王洋有《瓊花》詩：「事紀揚州千
古勝，名居天下萬花魁。」

　　另據《山房隨筆》一書還記有這麼一件事：南宋德祐元年（1275 年），
元兵佔領了揚州，瓊花「遂不榮」。趙國炎作了一首七言絕句《瓊花》詩，讚
頌憑弔云：

　　　　名擅無雙氣色雄，忍將一死報東風。
　　　　他年我若修花史，合傳瓊妃烈女中。

　　詩人不僅把瓊花看作是名擅花苑、氣色雙雄的仙姝，而且還將其看作是
一位氣貫長虹、精忠報國的烈女。如果詩人纂修花史，要把她作為烈女記入
其中，可見詩人對瓊花之崇仰。

　　瓊花為忍冬科灌木或小喬木，花白心黃，農曆五六月間開花，每朵大花
均由 8 朵小花環聚而成，潔白如玉，芬馥異常。「開時芬芳滿野」，高數丈。

遠觀之，玉樹婆娑，堆雪飄香；近賞之，蜂舞蝶繞，芳心高潔。因沒有別的
花可比，故瓊花又名「無雙」。在中國的傳統名花中，瓊花名氣最大，且最富
傳奇色彩。古人稱其為「天下無二本」或「天下只一本」。元代以後，揚州后
土祠中有一株，珍奇名貴無比。宋代曾有一位丞相在花側修建有一亭，題亭
名為「無雙亭」，意為此亭是專為觀賞「天下無雙」的瓊花的。

關於揚州后土祠無雙亭的瓊花，古代書中記載和古代文人讚譽頗多。《澠
水燕談錄》中記有：「揚州后土廟有瓊花一株，潔白可愛，歲久木大而花繁，
俗為瓊花，不知實何木也。」《齊東野語》云：「揚州后土祠瓊花，天下無二
本。」宋代詩人劉敞有《無雙亭觀瓊花贈聖民》詩贊之：「東方萬木競紛華，
天下無雙獨此花。」

瓊花，古代還有人稱其為「玉蕊花」。宋代詩人王禹偁即稱玉蕊為瓊花。
《韻語陽秋》載：「瓊花一名玉蕊。按唐朝唐昌觀有玉蕊花，王建詩所謂：『女
冠夜覺香來處，唯有階前碎月明』是也。長安觀亦有玉蕊花，劉禹錫所謂
『玉女來看玉樹花，異香先引七香車』是也。唐內苑亦有玉蕊花，李德裕與沈
傳師草詔之夕，屢同玩賞。故德裕詩云：『玉蕊天中樹，金鑾昔共窺。』而沈
傳師和篇亦云『曾對金鑾直，同依玉樹陰』是也。」但也有人說瓊花並非玉
蕊花。《西溪叢話》曰：「唐昌觀玉蕊花，今之散水花。揚州瓊花，今之聚八
仙，但木老耳。」

瓊花，並非是聚八仙花，二者是有區別的。八仙花僅是瓊花的姊妹花，
花形相同，均為「一蒂八蕊」。但瓊花芬芳濃香，而八仙花不香。故宋代王洋
《瓊花》詩有「浪說八仙模樣似，八仙安得有香來」的詩句。宋代鄭興的《瓊
花辨》對瓊花與八仙花的區別講得較詳細：「所睹郡圃中聚八仙，若驟然過

目，大率相類，及細觀熟玩，民間瓊花紋圖不同者有三：瓊花大而瓣厚，其色淡黃；聚八仙花小而瓣薄，其色漸青，不同者一也。瓊花葉柔而瑩澤，聚八仙葉粗而有芒，不同者二也。瓊花蕊與花平，不結子而香，聚八仙蕊低於花，結子而不香，不同者三也。」

瓊花是中國最古老的花卉，從《隋唐演義》來看，中國早在隋代就已有瓊花養植於宮苑中。瓊花最早主要是野生，後經人們培育才有今日之瓊花。瓊花端莊高雅，「不以柔媚為奸欺」。宋淳熙年間，還有人把聚八仙與瓊花嫁接後，開出清麗好看的花，今人也多有以八仙花誤為瓊花。宋詩人趙師秀有《瓊花》詩詠之：

香得坤靈秀氣全，蕊珠團外蝶翩翩。
親來后土祠中看，不是人間聚八仙。

可見，瓊花與八仙花嫁接後與母體已不同，已成為變異的瓊花。宋代有畫家畫有一幅《瓊花圖》，宮中畫師郎瑛看後說：「昨見宋畫瓊花，真是野八仙。」詩人認為經八仙花與瓊花嫁接後的花像野八仙花了。

瓊花花色潔白如玉，馨香濃鬱，加之其性嬌貴，難以養活，所以很名貴，故得歷代詩人歌之詠之。宋人徐積還曾作有一篇長 600 餘字的長詩《瓊花歌》讚頌之：

襄王半夜指為雲，謝女黃昏吟作雪。
杏花俗豔梨花粗，柳花細碎梅花疏。

桃花不正其容冶，牡丹不謹其體舒。

如此之類無足奇，此花之外更有誰？

　　詩人故意把瓊花與眾芳相比，貶眾揚瓊，認為瓊花遠勝於杏花、桃花、梨花、梅花、牡丹諸花，把瓊花推崇到很高的位置。

占得佳名绕芳樹
——趣話金錢花

陰陽爲炭地爲爐，鑄出金錢不用模。

莫向人間逞顏色，不知還解濟貧無？

　　這是唐代詩人皮日休的《金錢花》詩。詩人以幽默之情、調侃的筆調寫出了金錢花為天地之精靈所鑄，並藉此花花名問：金錢花可能解濟貧困？表達了詩人對社會貧富不均的痛斥，以及對窮苦百姓的同情。

　　詩人皮日休為晚唐詩人和散文家，湖北襄陽人，曾進士及第，後參加黃巢領導的農民起義，黃巢入長安建大齊國時他為翰林學士。後黃巢失敗，他也被殺。他的不少詩歌都反映了勞動人民的疾苦，對封建統治者的罪行時有揭露，這首詩就是詩人借金錢花來寄予他對窮人的深切同情。

　　金錢花的別名甚多，一名子午花。《格物叢話》云：「花以金錢名，言其形之似也，唯欠稜廓爾。《花史》云，午開子落，故名子午。」《廣群芳譜》

稱它為「夜落金錢花」和「金榜及第花」。民間認為種此花商人可發財，學子可金榜及第，所以多喜栽種。

關於稱金錢花為「潤筆花」，《花史》中還記載一個神奇的傳說。相傳書生鄭榮曾作有一首《金錢花》詩，詩還未做成時，他夢見一個穿紅衣的女子擲給他很多金錢，並對他說：「這是給你的潤筆費。」鄭榮醒後一看，懷中果然有很多金錢花。所以，後來人們戲稱此花為「潤筆花」。

金錢花還名銅錢花，因其花圓形，宛如古代鑄的銅幣，故名。金錢花為多年生草本植物，根莖較短，莖細，有四棱，基部淡紫色，有細毛，葉對生，柄較長，葉片呈腎狀心形，邊緣有圓齒，花腋生，呈淡紫色，形似銅錢，頗為美觀。花期為 5 月，生於闊葉林間、灌木叢、河畔及田野路旁，中國東北、華北、華東及四川、湖南、廣東、廣西等地均有生長。金錢花在中國也已有 1000 多年歷史，早在唐代就有很多詩人吟詠。

百花園中，花卉本來是清雅的，可是名為金錢花，在文人眼中就俗氣了。所以，古代詩人詠金錢花詩多有貶抑。如唐代詩人盧肇有《金錢花》詩，嘲諷云：「時時買得佳人笑，本色金錢卻不如。」

不過詩人嘲諷也好，指責也罷，這些都與花何干？這是詩人借金錢花來抒發對當時社會的不滿，以花來澆胸中之塊壘。

因各人見解不同，也有詩人歌頌金錢花。唐代詩人吳仁璧有《金錢花》詩云：

淺絳濃香幾朵勻，日熔金鑄萬家新。
堪疑劉寵遺芳在，不許山陰父老貧。

可是，這僅是詩人的個人心願和嚮往，讓「萬家新」，「不許山陰父老貧」，在封建社會可能嗎？

晚唐詩人羅隱也寫有一首《金錢花》詩，別開生面。詩云：

> 占得佳名繞樹芳，依依相伴向秋光。
>
> 若教此物堪收貯，應被豪家盡將。

詩寫金錢花占得了「金榜及第花」之名，既有嬌柔的花姿，又有沁人心脾的花香，花兒一叢叢相依向秋光爭豔。詩實寫金錢花名之好，花之美。但詩人筆鋒一轉，寫此花真要是金錢能夠貯收，早就被有權有勢的豪門貴族全部砍掘完了。讀完全詩，方明白詩人的意旨，贊金錢花的姿色美，是為了更有力地鞭撻、痛斥豪門貴族的貪得無厭，可見詩人筆墨之冷雋、深邃有力，表現了詩人敢於為世鳴不平的鬥爭精神。

金錢花，這只是人們根據其花形給它起的一個名字而已。但金錢花還有很多實用價值，其花、莖均可入藥，有清熱、利尿、鎮咳、消腫、解毒的功效，可治療黃疸性肝炎、腎炎、水腫、膀胱積水、瘧疾、肺癰、咳嗽、吐血、淋濁、帶下、風濕痹痛、小兒疳積、驚癇、癰腫、瘡癬、濕疹等諸病。對其功效，清代劉善述在《草木便方》中有詩頌之：

> 銅錢草淡除風毒，癲狗咬傷搗酒服。
>
> 癘風丹毒生服除，能化胎孕血水出。

又見春光到楝花
—— 趣話楝花

「門前桃李都飛盡，又見春光到楝花。」江南四月，在二十四番花信風行將過盡之際，那一簇簇開著繁密紫色花朵的楝花，在和煦的春光照耀下開放了。

楝樹，通常稱苦楝，又有翠樹、楝棗樹、紫花樹等別名。《本草綱目》云：「一名苦楝，實名金鈴子，處處有之。唐蘇恭曰：有雌雄兩種，雄者無子，雌者有子。宋蘇頌曰：木高丈余，葉密如槐而長，三四月開花，紅紫色，芬芳滿庭。實如彈丸，生青熟黃。」《草花譜》云：「苦楝發花如海棠，一蓓數朵，滿樹可觀。」《爾雅翼》曰：「葉可煉物，故謂之楝，子如小鈴，熟則黃色。」《花經》中亦曰：「楝樹扶疏多枝……葉復生，作羽毛狀排列。小葉片如長卵，邊有鋸齒。夏日枝梢抽花軸，花作長形，淡紫色。秋後落葉，果實即露出，作黃色，累累下垂，即國藥中之金鈴子。」故宋人張蘊有首《楝花》詩贊云：

綠樹菲菲紫白香，猶堪纏黍弔沉湘。
江南四月無風信，青草前頭蝶思狂。

該詩的首句點明了楝花的色與香，你看那花事闌珊的楝花開著一叢叢淡紫色的小花，綴滿枝頭，別有一番風致。第二句引出一個典故，是說戰國時期的楚國愛國詩人屈原，因讒被貶，報國無門，悲憤投汨羅江自盡。人們崇敬懷念他，在每年農曆五月初五那天，用楝葉包粽子投入汨羅江中。因蛟龍

畏楝，不敢傷害屈原。汨羅江係湘江的支流，所以詩人用「弔沉湘」一句，來抒發對屈原的懷念，同時也點出了楝葉的作用。《荊楚歲時記》有：「蛟龍畏楝，故端午以葉包粽，投江中，祭弔屈原。」第三句是說江南四月，最後一番花信風過了。《花鏡》上說：「江南有二十四番花信風，梅花為首，楝花為終。」按《歲時雜記》載：「從小寒至穀雨，共四個月，每月兩個節氣。共八個節氣二十四候，每候五天，以一花之風信應之。」所以稱為「二十四番花信風」，楝花排在二十四番花信風中最後一個。民諺有「楝花竟，立夏至」之說，是說楝花開後，立夏節就到了。所以，古人稱春花中楝花為「殿軍」，《三柳軒雜記》還稱「楝花為晚客」。

楝花是中國古老之花，歷史悠久，最早載於《爾雅翼》中：「葉可煉物，謂之楝。」《淮南子》上也有「七月官倉其樹楝」之載。古人認為楝為吉祥物，可驅惡避邪。據陶弘景《別錄》載：「俗人五月五日，取楝葉佩之，云祛惡也。」《淮南子》、《風俗通》均載：楝之果實為鳳凰所食，其葉為獬豸所食。可見楝不是一般之物。

古代傳說，楝樹還能避虎、避白蟻。這也說明楝為吉祥之物，可驅避一些害蟲。世謂楝樹可祛惡避邪，這是人們的一種傳統觀念認識，但楝確實可以驅蟲。楝果可驅蛔蟲和鉤蟲，楝樹皮、根、花均可入藥。楊萬里詠楝花。《本草綱目》曰：「主溫疾傷寒，大熱煩狂，殺三蟲，疥瘍，利小便水道。主中大熱狂，失心躁悶，作湯浴，不入湯使。入心及小腸，止上下部腹痛，瀉膀胱。治諸疝蟲痔。」書中還載，其花可「熱痱，焙末摻之。鋪席下，殺蚤、虱」；其葉「疝入囊痛，臨發時煎酒飲」；其樹皮「小兒諸瘡、惡瘡、禿瘡、蠼螋瘡、浸淫瘡，並宜楝樹皮或枝燒灰傅之」。小兒蛔蟲用「楝樹皮削去蒼

皮，水煮汁，量大小飲之」。其木還可抗蟲蛀，是很好的建築用料和傢俱材料。《齊民要術》曰：「以楝子於平地耕塾作壟種之，其長甚疾，五年後可作大椽。」可見，中國早在魏晉時期，就大量種植楝樹作材用了。此外，其果還可用土法製成農藥，用來防治害蟲。南方很多菜園裏用水缸浸泡苦楝子，再加以鬧羊花、苦皮藤等，漚製成藥水，殺蟲效果很好，所種蔬菜沒有化學農藥的污染，為真正的綠色蔬果。

楝樹生長快，有很高的實用價值。此外，楝花還可欣賞。特別是春夏之交，百花謝盡、花事闌珊之時，唯楝樹滿枝盛開紫色小花，芬香飄逸，給人以精爽神怡之感，歷代詩人留下了不少詠楝花的詩篇。如宋代詩人王安石有「小雨輕風落楝花，細紅如雪點平沙」。還有宋代詩人陸游的「風度楝花香」，梅堯臣的「紫絲暈粉綴鮮花，綠羅布葉攢飛霞」，楊萬里的「只怪南風吹紫雪，不知屋角楝花飛」。這些詩讀來均流暢自然，寫出了楝花的千姿百態和花香宜人。

花發金銀滿架香
——趣話金銀花

初夏時節，溝旁溪畔，金銀花藤蔓攀緣，碧葉繁茂，銀花綻放，金花吐蕊，清秀襲人，真是令人心馳神往。金銀花又稱忍冬、鴛鴦花、鷺鷥花、通靈草、老翁須、金釵股等，為多年生纏繞灌木，藤長可達 8 公尺，附樹蔓延，莖微紫色，對節生葉，開花不絕。此花生於葉腋，花冠唇開，又細又

長。花一簇兩朵，一先一後開放。花初開時潔白如銀，兩三日後豔黃若金，同在一根藤上，遠遠望去，黃白相間，如灑金潑銀，甚是好看，故名金銀花或金銀藤。因它的花冠上唇較寬，分為四裂，下唇較窄不分裂，雄蕊突出花冠外，形狀如飛鳥展翅對翔，故又有鴛鴦花、鷺鷥花的別名。

　　金銀花是耐寒植物，秋天老葉枯落，但緊接著就生新葉，不畏嚴寒，淩冬不凋，故又有「忍冬」的雅號。《花經》云：「金銀藤細蔓緣籬，隨處有之，池邊河岸，觸目皆是。春日開花不絕，一蒂四花，先白後黃，故稱金銀。此外，又有稱鴛鴦藤、金釵股、通靈草等。清香撲鼻，殊於凡卉。」清代詩人蔡淳有《金銀花》詩云：

　　　　金銀賺盡世人忙，花發金銀滿架香。
　　　　蜂蝶紛紛成隊過，始知物態也炎涼。

　　金銀花花色秀麗，清香宜人，常生於溝邊溪畔陰濕處或灌木叢中。它生長條件要求低，既耐旱又耐濕，中國南北各地均有栽植，除庭院盆栽金銀花外，山間野地也可以看到野生金銀花。金銀花以其產地不同而品質大異。最有名的有河南焦作所出的金銀花懷蜜，色黃白，軟糯潔淨，花上長有細毛者為最佳；河南禹州所出的禹蜜，花朵較小，無細毛，亦佳；河南新密的「密銀花」也很有名，至今已有 100 多年歷史；山東的沂蒙山區所產「濟銀花」色深黃，很有名，產量較大。安徽亳州所產的「亳銀花」，朵小性粳。此外，湖北、湖南、廣東也有出者，次之，有些不堪入藥。

　　金銀花是中國的特產，栽培歷史悠久，早在北朝時的《名醫別錄》中就

有記載，到唐代更馳名。相傳，唐代名醫孫思邈有一天看病回家，路上口渴咽乾。他看見路邊有姐妹兩人正在曬藥，便走過去討口水喝。姐妹倆熱情招待，用正曬的花藥泡了一碗茶。孫思邈一口氣喝光，只覺得甘洌甜美、神清氣爽，便問這是什麼花。姐妹倆告訴孫思邈，這是一種初開如銀，久則如金的金銀花，並告訴他很多藥用功能。孫思邈瞭解此花後，就以此花創制了很多治病的方劑。

宋代張邦基在《墨莊漫錄》中也記有一段有關用金銀花治病的故事。宋徽宗年間，蘇州平江府天平山白雲寺有幾個和尚，在山上採了一些蘑菇炒熟來吃。到了後半夜，吃了蘑菇的和尚嘔吐不止，其中一個和尚想起豫章和尚云遊於此時曾用鴛鴦藤治毒瘡一事，便到後山採來一些鴛鴦草吃下去，結果平安無事。而其它和尚不信這野花草會治病，沒有吃，結果中毒而死。所以南宋文學家洪邁在其《夷堅志》中就記有：「中野菌者，急採鴛鴦草啖之，即今忍冬也。」那個和尚所吃的鴛鴦草即是洪邁所記的忍冬，即金銀花。

金銀花藥用可清熱解毒，早已被中醫所證實。按現代醫學分析：金銀花是植物抗生性藥物，有解毒、消炎、殺菌的功效，能治熱性病和一些化膿性疾病，並有利尿作用，是小兒麻疹退熱不可缺少的藥物。它還是治療頭痛感冒的「銀翹解毒片」的主要成分。《神農本草經》曰：「金銀花善於化毒，故治癰疽、腫毒、皰癬、楊梅、風濕諸毒，誠為要藥。毒未成者能散，毒已成者能潰。但性緩，用須倍加，或用酒煮服，或搗汁攙酒燉飲，或研爛拌酒厚敷。若治瘰鬁上部氣分諸毒，用一兩許時，常煎服，極效。」在中國古代還盛行以金銀花代茶，對祛暑清熱、解毒消炎，確有良效。《植物名實圖考》云：「吳中暑月，以花入茶飲之，茶肆以新販到金銀花為貴。」

　　金銀花有這麼高的藥用價值，還清香秀麗宜人，可世俗不知愛，多被棄置，歷代文人雅士也少有吟誦。可段氏兄弟互詠金銀花金代進士、文學家段克己非常賞識金銀花，認為鷺鷥藤（即金銀花）天生不用人來培育，金花銀蕊，翠蔓成簇，採之不盡，香色奇絕，為所需藥物，可療瘡通鼻目等。段克己可謂金銀花之「伯樂」，他很為金銀花的「世俗不知愛，棄置在崖谷」鳴不平，因此作《同封仲堅採鷺鷥藤，因而成詠，寄家弟誠之》詩一首：

> 有藤名鷺鷥，天生匪人育。
> 金花間銀蕊，翠蔓自成簇。
> 褰裳涉春溪，採之漸盈掬。
> 藥物時所需，非為事口腹。
> 牛溲與馬渤，良醫猶並蓄。
> 況此香色奇，兩通鼻與目。
> 尤喜療瘡瘍，先賢講之熟。
> 世俗不知愛，棄置在空谷。
> 作詩與題評，使異凡草木。

　　其弟段成己見到其兄為他所寫的金銀花詩後，也和寫了一首《和鷺鷥藤詩》的同韻詩，認為金銀花的名字定會「耀崖谷」，被人們認識和瞭解。

　　金銀花的顯名，並非僅是段氏兄弟題詩的原因，而是金銀花的價值確實是異於山木，為人們所逐漸認識的結果。人們常言：「埋於地下的金子，總有閃光的時候。」金銀花開始雖然被人們「遺落榛莽間，採擷誰見蓄」，但其

「幽花發溪側」、「香味濃可掬」，又可為人療瘡治病，定會「遇合良有時」，受到人們的青睞和喜愛。

因金銀花不僅有藥用價值，還清香宜人，民間人們多喜佩之。金銀花開時，鄉間好多采戴頭上或胸前，相傳可避蟲和邪毒。

梔子孤姿妍外淨
——趣話梔子花

梔子花是嫻雅的，六瓣的花朵配上黃花蕊，清新可人。特別是她的香氣，有一股神來之幽香，甘醇清淨，馥郁沁人。正如《花經》中所記：「暑月中花最濃烈者，莫如梔子。葉色翠綠，花白六出，芳香撲鼻。庭園幽僻之所，偶植數本，清芬四溢，幾疑身在香國中焉。」

梔子花多臨池而植，特別是她橫枝照水，尤為動人，故梔子花又有「水橫枝」之美譽。詩人們也喜為詩而創意境，多以臨水梔子花而贊之。唐代大詩人杜甫就有「無情移得汝，貴在映紅波」的詩句。

梔子花屬茜草科常綠灌木或小喬木，株高可達 1 至 2 公尺，喜暖，是人們喜愛的著名庭院花木。

梔子原產於中國，多生長於南方各省，古名為卮子。卮為古代的酒杯，因梔子開花結實狀如酒杯，故得其名。李時珍《本草綱目》中云：「卮，酒器也。卮子象之，故名。今俗加木作梔。」中國漢代已廣植梔子，唐歐陽詢《藝文類聚》中記有：「漢有梔茜園。」《史記・貨殖列傳》中亦云：「千畝卮茜……

其人皆與千戶侯等。」

　　古代，把梔子稱厄茜，即指梔子、茜草。為什麼古代廣泛種植梔茜呢？據研究，古人是用來作染料的。茜草的根含有茜素，是製作紅色染料的，所以古代女子所穿的紅裙稱為「茜裙」，而梔子則是用來製作黃色染料的原料。宋人羅願《爾雅翼》卷四中云：「厄，可染黃。」

　　梔子花的別稱頗多，漢代司馬相如的《上林賦》稱為「鮮支」。陶弘景的《別錄》稱之為「越桃」，是因梔子原產於中國長江流域以南各地，多屬於古越之地，故稱。謝靈運的《山居賦》中稱為「林蘭」，是梔子花較大的一個品種，開時花朵若木蘭花大，也有稱「山梔子」。李時珍《本草綱目》則稱之為「木丹」，丹為紅色，大概是因梔子的果仁深紅而得名。

　　中國是梔子的原產地，四川栽培的梔子更有名。據《四川志》載：在銅梁縣東北六十里地的山坪上，由於天時地利，栽種的梔子特別繁盛，有「家至萬株，望如積雪，香聞十里」之說。唐代詩人劉禹錫還專門為四川的梔子花作有一首《詠梔子花》詩，大加讚賞。詩云：

> 蜀國花已盡，越桃今又開。
> 色疑瓊樹倚，香似玉京來。
> 且賞同心處，那憂別葉催。
> 佳人如擬詠，何必待寒梅。

　　據說，四川古時還有一種紅色的梔子花，十月開花，花深紅色，清香襲人，十分珍貴。李時珍《本草綱目》中就有記載：「蜀中有紅梔子，花爛紅

色。」《花鏡》亦載:「昔孟昶十月宴芳林園,賞紅梔子花,清香如梅,近日罕見此種。」在《野人閒話》中記得更為詳細:蜀主準備修園苑,在各地收集奇花異草。一日,青城山的申天師送來兩棵異花,並說:「這是紅梔子花,得知聖上修苑囿,特取來兩棵名花,以助佳趣。」蜀主賜申天師一些錦帛。蜀主讓人在花園中種上這兩株紅梔子花,成活後花葉婆娑,花為六出,其香襲人。蜀主非常喜歡,或讓人仿此畫於團扇上,或繡於衣服上,或以絹素、鵝毛作首飾。這種紅梔子花結實後成梔子,「則異於常者,用染素,則成赭紅色。甚妍翠,其時大為貴重。」可見,當時這種紅梔子花之珍貴、稀有。

梔子花不僅花香濃鬱,美麗動人,而且適應性很強,性喜溫暖、濕潤的環境。繁殖可用扦插或分株的方法,每年六七月份扦插易成活,選取梔子嫩枝插於土中,遮陰忌肥,更不宜用人糞尿。

據傳,梔子花還與佛教有緣,別稱為「禪客」、「禪支」。聽佛家所言,佛經中所說的薝蔔花即梔子花,來自天竺國(古印度)。其實,這是一種誤傳,早在宋代就有人提出疑義。宋人羅願在《爾雅翼·釋草》中云:「薝蔔者金色,花小而香,西方甚多,非厄也。」宋代僧人法雲在《翻譯名義集》中也云:「瞻博,一曰瞻卜(即薝蔔),黃色,金花也。」顯然,佛經中所言的薝蔔與中國的梔子花絕非一花,不過是歷史上的以誤傳誤而已。

梔子花清麗高雅,含蓄莊重,濃香馥郁,沁人肺腑,民間還把它作吉祥物,古時,婦女多喜佩戴。它不僅可供觀賞,花還可燻茶,提取香料,做羹果、入膳食。果實可釀酒,果皮製作黃色染料,花、果、葉、根皆可入藥。鮮梔子花可治肺熱咳嗽、咯血、跌打損傷,果可止痢,根可治黃疸性肝炎等。梔子花有這麼多用途,難怪人們把它看作吉祥物。明詩人陳長明有《迎

仙客》詞對其功用作了最好讚賞。詞云：

> 梔子房，老經霜，曾染漢宮衣袂黃。
>
> 遊園的，道花香；行醫的，稱芽良。治黃疸青傷，久著在方書上。

梔子花潔白嫻雅，清香襲人，招人喜愛，每當初夏五月端午節花開時，江南婦女有採梔子花簪於鬢角為飾的習俗。特別是舊時江南小鎮，清晨在石板橋頭，有小姑娘穿著藍花布圍裙，提一竹籃梔子花叫賣。那竹籃中梔子花上還沾滿露珠，含苞欲放，真個是一籃玉雪、一籃清香，像一幅江南水墨畫，讓人迷醉。

芭蕉不展丁香結
——趣話丁香花

丁香花芳香襲人，屬木樨科丁香屬落葉小喬木或灌木，樹冠呈球形，枝繁葉茂，葉對生。頂生或側生有圓錐形花序，花序長 8 至 20 公分，花朵精巧玲瓏，有紫色、白色、藍色，春夏之際開花，芳香四溢，芳菲滿目，是人們在庭院喜歡栽植的花木。《花經》曰：「丁香花開五六月，色紫、白、黃不一，花甚細小，簇生於莖頂。春日先放葉，然後抽出花軸，花瓣與花蕊難分。葉薄而有光，形似心臟而略尖，邊無鋸齒。」丁香花清雅美觀，很有觀賞價值。

　　丁香花又稱丁子香、雞舌香。為什麼此花稱丁香花呢？因丁香花的花蕾形似丁子，且香，故名。據北魏賈思勰宋之問詩問武則天《齊民要術》云：「雞舌香俗人以其似丁子，故呼為丁子香。」據李時珍《本草綱目》載：「京下老醫言雞舌與丁香同種，其中最大者為雞舌，即母丁香，療口臭最良，治氣亦效。」

　　關於丁香可治口臭，文壇上還有一個掌故。唐代武則天執政時，著名詩人宋之問曾任武則天的文學侍從。宋之問自認為自己儀表堂堂，詩文又好，應受到武則天的寵愛，可一直遭武則天的冷落，心內有些不平，便寫了一首詩獻給武則天，詩云：

　　　　　明河可潔不可親，願得乘槎一問津。
　　　　　還將織女支機石，更訪成都賣卜人。

　　宋之問想以此詩得到武則天的重視和寵愛，誰知武則天看了詩後一笑了之，並說：「宋卿哪方面都好，就是不知道自己有口臭的毛病。」宋之問聽說後，羞愧難當。從此，宋之問就口含雞舌丁香，以解其臭。宋代沈括的《夢溪筆談》中也記有：三省故郎官口含雞舌香，「欲上奏其事，對答其氣芬芳」。用丁香治口臭現在仍為方術。據研究，丁香還有防腐的作用，在長沙馬王堆漢墓中發現未腐爛的西漢古屍手中就握有丁香。丁香花蕾乾品還可入藥，常稱為公丁香，而花後所結的倒卵形的果實稱母丁香。

　　關於丁香的藥用價值，清人張秉成在其編著的《本草便讀》中記載得較為詳細：「丁香有公丁母丁兩種。公丁是花，母丁是實……母者即雞舌香，古

方多用之。今人所常用者，皆公丁香耳。」丁香有溫中降逆、補腎壯陽之效，常用於脾胃虛寒、呃逆嘔吐、食少吐瀉、心腹冷痛、腎虛陽痿等病症。相傳，古代一位皇帝愛食生冷食物，一天夜裏，突然腹痛，上吐下瀉，太醫也無計可施，只得張榜徵求良醫。一乞丐揭榜入宮，用一香袋掛於其臥室內丁香花，幾天后皇帝病好，夜裏夢見乞丐乃是八仙之一藍采和，問香袋為何物，乞丐說是用丁香花製成的。後太醫一看，果然如此。這雖然是個傳說，但丁香花確有溫中、散寒、止痛之功效。

另外，丁香花含有丁香油酚，故而香氣濃鬱，還是很名貴的香精原料。丁香樹可觀賞，葉可作茶，實可入藥。特別是花用途更廣，可制露、製藥、製油等，深受人們的青睞，現中國的西寧、哈爾濱、呼和浩特等市就以丁香花為市花。

中國栽培丁香也已有1000多年歷史了，從北到南各地都有栽種。中國現有20多個品種，北方最多的為紫丁香。白丁香是它的變種，花香濃鬱，更受歡迎。湖北等地還有垂絲丁香，花瓣內白外紅，下垂似藤蘿，婀娜多姿，秀美可愛；東北還有一種荷花丁香，花小色黃，花香似女貞花，素雅清淡；還有一種佛手丁香，花蕾若佛手，重瓣，香似茉莉，十分雅致。此外，還有南丁香、小葉丁香、遼東丁香等。現在經植物學家和園藝工作者培植嫁接，一棵丁香樹上可開20多種顏色的花。花開時節，五彩繽紛，引人入勝。其實，中國古代也早已有「樹多五色」的丁香，鸚鵡喜棲於上，芳香四溢，風采秀麗，還作為一種祥物進貢皇上。

丁香喜高燥之地，怕低濕，不甚喜肥，春秋均可栽植。其繁殖法多用嫁接，以冬青為砧木，採用高接法。接後兩年即枝葉繁茂，但要抹去冬青砧木

上所生枝葉，否則丁香不及冬青生長力強，被冬青欺死。

丁香又名百結、丁香結。丁香結係指丁香未開花的花蕾，像丁帽如結，故稱。《山堂肆考》中也說：「江南人謂丁香為百結花。」古代詩人常以詩贊之。五代南唐李煜有《丁香》詩云：「青鳥不傳雲外信，丁香空結雨中愁。」五代前蜀詩人牛嶠有《丁香》詩云：「自從南浦別，愁見丁香結。」元代朱思本《百結》詩云：「百結逢春日，數花迎曉風。」好像丁香與哀愁結有不解之緣，成為哀愁的代名詞。

後來丁香結還成為寄寓思情、表達愛意的信物和象徵。現在不少民族青年男女就把丁香花作為定情信物，並演化成民俗。如中國雲南傣族、德昂族等，在丁香花開時節，都要舉行「採花節」，青年男女上山採丁香花，贈給自己的心上人，表示以丁香為「結」的堅貞不渝愛情。

丁香花是愛情的象徵，加之其花色清雅、芳香四溢，被人們讚譽為「幸福之樹」、「愛情之花」，並有了一個「情客」的別稱。

民間有關丁香花的愛情故事很多，其中就有一個動人的丁香花姑娘的故事。相傳有一位年輕英俊的書生在去京城趕考途中，住宿在一家小客店中。店家為父女二人，姑娘長得眉清目秀，聰明漂亮，知書達理，書生頓生愛慕之心，書生便藉故多住了幾日。姑娘見這位書生品行端正，儀表堂堂，也暗暗動了真情。兩人相互傾心，便相約月夜在後院丁香樹下相會，並立下白頭偕老的誓願。

一天夜晚，兩人又在丁香樹下相會，書生提出想與姑娘對對子，姑娘欣然同意。書生出了上聯：「水冷酒一點二點三點，點點在心。」姑娘正待對下聯，她父親忽然闖來，非常氣憤地斥責女兒不該與人私會。姑娘講出了自己

的心願，請父親允許他們成婚。她父親不但不允，還斥　女兒敗壞了門風。

姑娘心性剛烈，一氣之下死去，埋在小店後院裏。書生悲痛欲絕，無心再求功名，便在店內住下。姑娘的父親自女兒死後，也後悔莫及，便待書生為親生兒子。十幾天後，姑娘的墳上長出一棵丁香樹苗，十分茂盛。不久又開出白色的丁香花來，芳香四溢。書生認為這是姑娘的靈魂所化。

有一天，一位白髮老翁走進店內，問書生為什麼不進京趕考，虛度青春年華。書生把前因後果一說，老翁指了指丁香樹說：「你看那丁香花樹正是下聯：丁香花百頭千頭萬頭，頭頭是道。」書生立即意會：丁香花的三個字頭，丁是百字頭，香是千字頭，花是萬字頭。待書生剛醒過意來，老翁不見了。書生明白了，這是丁香花姑娘的神靈借老翁來點化他：人生道路千萬條，不要死守一條道，更不能因戀舊情而貽誤了青春。

丁香花不僅是愛情的象徵，也成了愛情的力量，它鼓勵青年人要為愛情而勤奮向上，才會有高雅的情致。

一年長占四時春
——趣話月季花

已共寒梅留晚節，也隨桃李斗濃葩。
才人相見都相賞，天下風流是此花。

月季雖然不及牡丹、芍藥豔麗丰韻；不及寒梅、春蘭高雅素潔；不及桂

花、茉莉香濃富貴，但是「牡丹月季花最貴唯春晚，芍藥歲繁只初夏」。而月季卻「花落花開無間斷，春來春去不相關」，「唯有此花開不厭，一年長占四時春」。

月季是一種四季開花的薔薇科灌木花卉，枝幹多刺，葉羽狀互生，卵圓形或橢圓形，邊緣鋸齒狀，花單朵或數朵簇生，月月開放，所以又稱月月紅、長春花、鬥雪紅、勝春、四季花等。《群芳譜》云：「月季花一名長春花，一名月月紅，一名鬥雪紅，一名勝春，一名瘦客。灌木處處有，人家多植之。」

月季花色有大紅、粉紅、黃、綠、藍、白、紫咖啡、紫黑等各種顏色，繽紛多彩，爭奇鬥豔。此外，還有多種變色、複色、串色、絞色品種。

中國是月季的故鄉，在中國已有 3000 多年的栽培歷史。早在春秋時期，孔子周遊列國，對宮苑中月季已有記載。明代，月季花已廣泛種植，李時珍《本草綱目》云：「月季，處處人家多栽插之。」到了清代，月季花更是名聲大噪，大江南北，無處不有，人人愛之。

清同治年間，有一位名評花館主還寫有一本《月季花譜》專著，對月季花的栽培作了詳盡描述，並與菊花作比較曰：「（月季）種數之多，色相之富，足與菊花並駕。嘗謂菊花乃花中名士，月季為花中之美人。名士多傲，故但見賞於一時；美人工媚，故得邀榮於四季，因而人之好月季，更盛於菊。」書中並記有當時上佳品類有虢國淡妝、西施醉舞、飛燕新妝、六朝金粉、曉風殘月、赤龍含珠、金鷗泛綠、漢宮春曉、珠盤托翠、洞天秋月、宿雨含紅、嬌容三變等。

大約在 12 世紀，月季從中國傳到國外，特別是傳到歐洲後，曾風靡各

國。18 世紀，傳到英國後深受歡迎，迄今仍被英國定為國花。後來又傳到法國，當時英法正在交戰，聽說英國海軍護送月季良種給法國皇帝拿破崙的妻子約瑟芬皇后，雙方立即停戰，月季又成了和平的使者。在歐洲又有人將其與薔薇雜交，形成月季新品種。現在世界上有上萬個品種，中國有 500 多個品種，最著名的品種有花黃色帶紅暈的「黃和平」，有花色豔綠的「綠繡球」，有可變色且芳香的「天天香」等。

月季品種多樣，花色豐富，花容秀美，芳香馥郁，四時開放，有「花中皇后」的美稱。僅月季花的花名就很富有詩意和韻味，如金琥珀、叢中笑、狀元紅、玉樓春、藍月亮、藍色妖姬、絕代佳人等。更神奇的是有些月季花可變色，如「嬌容三變」，花開時由青色變粉白，再由粉白變粉紅；「桃花雨」在一株上開出深淺兩種不同的紅色花朵；「龍泉」花瓣粉紅夾薑黃，紅黃相襯；「樂園」始開花蕾為深紅色，開後變桃紅色，後來漸變為粉白色；「和平」初開為鮮洋紅，漸變為銀朱紅。月季一般香氣較淡，但有些品種亦芬芳馥郁、香氣襲人。

月季既是中國觀賞的十大名花之一，又是極其珍貴的香料及工業原料，同時也是常用的中草藥。李時珍《本草綱目》云：「氣味甘溫無毒，主治活血消腫。」其花常用於活血調經、經期腹痛等症。此外，還可以治筋骨疼痛、骨折後遺症、肺虛咯血，葉還可活血、活絡、消腫。

月季不僅供觀賞，還是淨化空氣、保護生活環境的極好植物，對二氧化硫、二氧化氮有抵抗能力，能吸收空氣中的苯、乙醚、硫化氫、氟化氫等有害氣體。現在北京市、天津市、鄭州市、常州市等很多城市都把它作為市花，廣泛栽培。

　　月季花在中國四季開花，是祥瑞、美好、幸福的象徵，常作為吉祥之花，傳統吉祥圖案中繪一花瓶中插月季花的紋圖為「四季平安」；繪天竹、南瓜和月季的紋圖為「天地長春」；繪有月季花、壽石和白頭翁的紋圖為「長壽白頭」；繪有葫蘆和月季花的紋圖為「萬代長春」。

　　在民俗信仰中，因月季四季開花，有長春、長壽之意，故古代祝壽時或婚禮時多用有「萬代長春」之詞語，如祝雙壽聯有：「高祖曾玄壽萬代，木公金母慶長春。」婚聯有：「描花四季花長好，繪月千年月永圓。」用來祝賀新婚夫婦花好月圓、幸福美滿。

嘉名誰贈作玫瑰
——趣話玫瑰花

> 非關月季姓名同，不與薔薇譜牒通。
> 接葉連枝千萬綠，一花兩色淺深紅。
> 風流各自胭脂格，雨露何私造化功。
> 別有國香收不得，詩人燻入水沉中。

　　這是南宋詩人楊萬里所寫的一首《紅玫瑰》詩。詩中還提到月季、薔薇，其實在中國古代，書中就把這三種花統稱為薔薇，被譽為「薔薇園三絕」，並稱為「三姊妹」。而在國外，這三種花統稱為「玫瑰」。因為這三種花的形態極為相似，同屬於薔薇科薔薇屬，難怪人們把三者混淆在一起了。

　　其實這三種花是有區別的，它們在花、葉、刺等方面各有特點。如果仔細辨認就會發現：薔薇為蔓生，花小，枝條細小下垂，嫋娜窈窕；而玫瑰和月季為直立灌木。玫瑰花大，單生，亭亭玉立；月季則花大聚生，體態端麗。《廣群芳譜》中云：「玫瑰一名徘徊花，灌生，細葉多刺，類薔薇，莖短。花亦類薔薇，色淡紫，青蕚黃蕊，瓣末白，嬌豔芬馥，有香有色。」《花經》亦云：「四月花事闌珊，玫瑰始發，濃香豔紫，可食可玩。江南獨盛，灌生作叢，其木多細刺，與月季相映，分香鬥豔，各極其勝。」本書中對這三種花均作了詳細描寫，從中可以看出它們的區別。

　　玫瑰是一種招人喜愛的花卉。自古以來，人們就把它作為美好願望、崇高希望、高貴精神、光明幸福、純潔愛情的象徵，流傳有很多有趣的故事。在宗教神話中，基督教傳說認為，玫瑰是被釘在十字架上的耶穌的血染紅的；伊斯蘭教傳說認為，伊斯蘭教教祖穆罕默德的汗水灑在大地上才長出稻穀和玫瑰的；歐洲傳說認為，玫瑰是和愛神維納斯同時誕生的；保加利亞傳說認為，鮮紅的玫瑰是由阿佛洛狄忒女神的鮮血變成的。另外，在《聖經》和《讚美詩》中，玫瑰還是聖母馬利亞的別名美稱。所以，法國、英國、美國、保加利亞、盧森堡、意大利、羅馬尼亞、敘利亞、印度、伊朗、伊拉克等國都以玫瑰為國花。玫瑰不僅是外國人喜歡的花卉，也是中國人心儀的花卉。中國的瀋陽、蘭州、銀川、佛山、烏魯木齊、拉薩等城市都以玫瑰作市花。

　　中國栽培玫瑰的歷史很悠久，據《西京雜記》載，漢武帝在樂游苑中就栽培有玫瑰樹。可見，中國西漢時期玫瑰已成為宮廷花卉。到了唐代，栽培玫瑰者更多，很多著名詩人都喜植玫瑰，並有詠玫瑰花詩。唐代徐夤曾在越

王臺移植一株紅玫瑰後寫下《司直巡官無諸移到玫瑰花》詩云：「芳菲移自越王臺，最似薔薇好並栽。」

《西湖遊覽志餘》中亦載：「玫瑰花，類薔薇，紫豔馥郁。宋時，宮院多采之，雜腦柱以為香囊，芬茵嫋嫋不絕，故又名徘徊花。」

現在，中國栽培玫瑰更為廣泛，品種更多，特別是經過雜交試驗、品種改良等，優良品種層出不窮，而且形成了多處玫瑰產地。如北京妙峰山上就有千畝玫瑰園，甘肅蘭州苦水川是中國黃土高原的紅玫瑰之鄉，山東平陰縣栽培玫瑰歷史悠久，花大色豔，香濃怡人，在國外極負盛名。特別17世紀後半葉，中國玫瑰傳到歐洲後，使歐洲的玫瑰引起了一個劃時代的變化。因為中國玫瑰花期長，開花不斷，花瓣層次多，花朵大，色豔麗。中國玫瑰在歐洲經過雜交後，產出了很多新品種。據資料統計，現在全世界有玫瑰品種達7000餘種，這些現代玫瑰大多是由中國玫瑰雜交育種和有性繁殖而來。

關於中國玫瑰引入歐洲，還有一段有趣的歷史故事。1809年，英國和法國正在交戰，恰此時，中國的4個玫瑰品種經印度運送英國，然後再運抵法國。法國拿破崙的妻子約瑟芬十分喜歡玫瑰，急於想得到中國運來的這4種玫瑰。為了保護這4種玫瑰，於是兩國海軍宣佈立即停戰。英國的攝政王還親自下令把這4個品種的中國玫瑰派船護送到法國約瑟芬皇后手中。約瑟芬得到中國玫瑰這4個品種後，親自培育出一種稱為「藍月」的玫瑰新品種。這種開紫藍色花的「藍月」玫瑰，就含有中國血統，香味清醇，姿態輕盈，正像一位身穿雅致藍色晚裝、披著輕紗的嬌嬈少女。也因此，約瑟芬獲得「玫瑰夫人」的佳號，她所著的《玫瑰集》在書店一套就賣10萬馬克。

1857年，法國還用中國玫瑰雜交培育出今天風行世界的「雜交茶香玫

瑰」。這種花不僅花期長、花朵大,而且顏色豐富、儀態萬方,很受歡迎。世界著名作家詹姆斯在他的《玫瑰的故事》一書中說:「中國玫瑰無論野生或培育的,都極為強健,而且這個國家有如此繁多的品種,以至有些植物學家相信,中國是種植的發源地。」

玫瑰適應性強,性喜陽,耐寒,不怕旱,怕澇。《廣群芳譜》記有:「(玫瑰)性好潔,最忌人溺,溺澆即萎。」培養玫瑰要注意分枝。《花鏡》載:「每抽新條,則老木易枯。須速將根旁嫩條移植別所,則老木仍茂,故呼離娘草。」

玫瑰花色豐富、豔麗,以深紅、淺紅、白色、紫色為多。中國的重瓣白玫瑰最有特色,花白似玉,香味濃烈,花朵特大,有「玫瑰花開大於盤」之詩句。玫瑰花以胭脂紅最為豔麗,詩人常以「胭脂格」贊之。唐代還有一種一花兩色的玫瑰,唐詩人唐彥謙有《玫瑰》詩云:「不知何事意,深淺兩般紅。」宋詩人楊萬里也有「一花兩色淺深紅」之詩句。

玫瑰不僅有很高的觀賞價值,而且還有很高的經濟價值。玫瑰可提煉香精油,玫瑰油是香料工業和製藥工業的重要原料,極為昂貴。據說提煉 1 公斤玫瑰油,要用 3000 公斤的玫瑰花瓣,價格超過黃金。當然,用玫瑰油製作的香水,香味也濃鬱持久,深受人們歡迎。所以種植玫瑰花之風,已風靡世界各地。此外,玫瑰還可直接食用、燻茶、製酒和製作各種食品。中國古代就常用玫瑰作蜜餞、糕點配料,製作出香甜可口的玫瑰糕、玫瑰醬等。《夢粱錄》中就記有宋人用玫瑰「製作餅兒供筵」。明代長篇小說《金瓶梅》和清代長篇小說《紅樓夢》中就記有很多用玫瑰花製作的「玫瑰元宵餅」、「玫瑰八仙糕」、「玫瑰糖醃鹵子」等。《食物本草》曰:「玫瑰花食之,芳香甘美,令

人神爽。」玫瑰除食用外，還可藥用，《本草綱目拾遺》記曰：「玫瑰露（玫瑰花蒸餾液）能和血、平肝、養胃、寬胸散鬱。」《少林拳經》也記有：「玫瑰花治療跌打損傷。」

玫瑰花象徵高貴、純潔、幸福、美好，得到世人喜愛和青睞。中國現代著名女作家冰心，更是鍾愛玫瑰，在中國文壇傳為佳話。冰心原名謝婉瑩，福建長樂人。她少年時即天資聰穎，才思敏捷。有一次，課堂上教書先生出了一個五言上句「春風紅杜鵑」，讓學生對。冰心立即就對出下句「秋霜白玫瑰」，受到先生的讚揚。後來冰心所寫的《繁星》、《春水》自由體散文詩集，就是因玫瑰而點燃其靈感的，直接以玫瑰入題。1982 年，她還把自己與玫瑰花的情緣寫成一篇散文《我和玫瑰花》發表。由此可見冰心老人對玫瑰花的不解之情。

並占東風一種香
——趣話薔薇花

唐代詩人皮日休有一首《重題薔薇》詩寫得好：

濃似猩猩初染素，輕如燕燕欲凌空。
可憐細麗難勝日，照得深紅作淺紅。

詩人以濃烈的詩情、巧喻的手法，把猩紅的薔薇花比為一隻只正展翅欲

飛的燕子。那些在豔陽照耀下的花朵，由深紅變為淺紅，更顯得嫵媚可愛。

薔薇花中國栽種薔薇歷史較久，早在漢代庭院花苑中就已廣泛種植。在《賈氏說林》中就記有漢武帝的一段趣事。有一年，漢武帝劉徹攜妃子麗娟到御花園賞花遊玩。正值薔薇花盛開，漢武帝隨口讚歎道：「這花勝過美人的微笑啊！」麗娟逗趣笑說：「笑可以買到嗎？」漢武帝說：「可以呀！」麗娟便取出黃金百斤，作為買笑錢，以盡武帝之歡。

這是中國野史所記載的最早有關帝王與薔薇花的傳說故事。由此，薔薇花也得一「買笑花」之別稱。從這個故事透露出，西漢初年中國已在皇家苑林裏種植薔薇，距今已有 2000 多年的歷史。

到了南北朝，中國已廣泛栽培薔薇。據記載，南朝梁元帝蕭繹就非常喜歡薔薇花，他在「竹林堂」種植薔薇花，其中「有十間花屋，枝葉交映，芬芳襲人」。南朝梁簡文帝蕭綱也很喜歡薔薇花，就寫有《詠薔薇》詩云：「燕來枝益軟，風飄花轉光。」

到了唐代以後，薔薇在中國栽培更為普遍，唐代大詩人李白、白居易、杜牧、賈島、陸龜蒙等都寫有讚頌薔薇花的詩。「破卻千家作一池，不栽桃李種薔薇。」可見，當時種植薔薇之盛。

薔薇在花卉世界裏是一個大家族，除玫瑰、月季、薔薇三花稱為「薔薇園三傑」外，桃、李、杏、櫻桃等一些結果之花也屬薔薇屬，全球約有 150 種，中國約占一半，主要生長於亞熱帶和北溫帶地區。

薔薇是薔薇屬很多原種和野生種的泛稱，叢生山野之間，故別名又稱「野客」。唐代女詩人李冶就以薔薇自比，稱自己為「野客」。李冶姿容俊美，天賦極高，從小就有詩才，據說她五六歲時就吟有《詠薔薇》詩，後出家為

道士，曾留下不少詩篇。天寶年間，唐玄宗聞其才名，召入宮中。她便以《恩命追入，留別廣陵故人》詩抒懷，表明自己志趣在雲水之間，無意榮華富貴。詩中有「桂樹不能留野客」，自比野薔薇，不願留宮中。故後代封李冶為薔薇女花神。

薔薇枝條攀緣蔓生，枝上有刺，花有紅、粉紅、白、黃等色。經春歷夏，花開不斷，花團錦簇，芳香濃烈，花香襲人。著名的品種有「十里香」，顧名思義，花開可香飄十里。這是一種白色單瓣的野薔薇，質樸淡雅，異香氤氳。

另外，還有一種野薔薇的變種「七姊妹」和「十姊妹」。一蓓七花者稱「七姊妹」，一蓓十花者稱「十姊妹」。花為深紅色或粉紅色，復瓣，花朵攢聚，嬌小玲瓏，好像親姐妹依偎在一起低聲笑語，別有韻致。明人楊基有一首詠《七姊妹薔薇花》詩云：「紅羅鬥結同心小，七蕊參差弄春曉。」又有清人吳蓉齊一首《詠十姊妹》詩云：「嫋嫋婷婷倚粉牆，花花葉葉映斜陽。」

薔薇花色主要是紅色、粉色和白色，此外，也有紫色、黃色、淡黃色等，其中以黃薔薇最名貴，也最受人喜愛。明代詩人張新《詠黃薔薇》詩云：「並占東風一種香，為嫌脂粉學姚黃。」

薔薇花期集中，花盛開時，簇擁一起，競相開放。如果俯看，恰如堆在地上的一床繡花錦被，所以薔薇又有「錦被堆」的別稱。

薔薇藤條叢生，莖青多刺，故又名刺紅、牛棘、山棘。《益部方物記》評薔薇「有刺不可玩」。唐代詩人朱慶餘《題薔薇花》詩：「綠攢傷手刺，紅墮斷腸英。」就是說薔薇滿身帶有刺，容易傷手，只可觀賞，不可褻玩。也有一種不生刺的薔薇，如雲南的和氏薔薇、湖北的大紅薔薇等。

薔薇同玫瑰一樣可以提取香精。中國五代時女子們已把它作為化妝的日用香料，唐代時用薔薇來製作香露。據《雲山雜記》載，柳宗元在接到好友韓愈寄來的詩箋時，總是先用薔薇露洗過手後才展讀，可見，柳宗元對好友情之重視。據《宋史・占城國傳》記：「占城有薔薇水，灑衣經歲香不歇。」占城，即今之越南。由此可以看出，當時製作的香露品質之好。

一年春事到荼蘼
——趣話荼花

「荼蘼不爭春，寂寞開最豔。」暮春時節，紅杏花謝，桃李花落，花架上的荼花獨佔春芳，嫣然開放，似玉雪未消，冷豔清麗。微風吹處，清香襲人。這真是「東風滿架薔春繞，三月梁園雪未消」。

荼，亦寫作荼蘼，原產於蜀地。因荼花白，顏色近似蜀地所產的酴醾酒，且兩物讀音又相同，花、酒同名，故人們就直呼荼為酴醾了。《花木考》中曰：「此花木作荼，以酒號酴醾，花色似之，遂復從酉，則花作白色似無可疑也。」明人王象晉在《群芳譜》中亦說：「本名荼，一種色黃似酒，故加酉字。」僅以花的顏色近酒，就把花名稱酴醾，這也僅是一種說法，不大可信。其實，荼花與酴醾酒有很大關係，是指可用荼來造酒。

那麼，荼花究竟是一種什麼樣的花呢？現代植物學把荼稱為「懸鉤子薔薇」，係薔薇科薔薇屬落葉或常綠蔓生灌木，枝上多長有較長的鉤刺。因其藤蔓攀附，栽種時需用竹木搭架，花型大，重瓣，花多為白色，也有黃色、紅

色。花芳香襲人，可提取香精。

茶別名頗多，有佛見笑、獨步春、雪梅墩、瓊綬帶、百宜枝、白蔓君、沉香蜜友、韻友、雅客和傅粉綠衣郎等。《花經》曰：「茶一字酴醾，俗音茶玫，亦呼香水花，枝條亂抽，酷似薔薇，常人難以分別。」另《花鏡》對其特徵、別稱、花色。茶花神吳淑姬等作了較詳細的說明：「花有三種，大朵千瓣，色白而香，每一穎著三葉如品字。青跗紅萼，及大放則純白。有蜜色者，不及黃薔薇，枝梗多刺而香。又有紅者，俗呼番茶，則不香。詩云『開到茶花事了』，蓋當春盡時開也。」《廣群芳譜》亦云：「酴醾一名獨步者，一名百宜枝杖，一名瓊綬帶，一名雪纓絡，一名沉香蜜友，藤木灌生，青莖多刺，一穎三葉，如品字形，面光綠，背翠色，多缺刻，花青跗紅。萼及開時變白，帶淺碧，大朵千瓣，香微而清，盤作高架，二三月間爛漫可觀。」

四川所產茶最多，據《四川志》載：「成都縣出茶花有三種，曰白玉碗，曰出爐銀，曰雲南紅，色香俱美。」蜀茶多白，黃者亦時有之，而香減於白花。

茶花白如玉，色香濃鬱。因其色香俱美，古人多把茶比之美人。宋代女詞人吳淑姬就被稱為茶花神。吳淑姬為湖州人，與李清照、朱淑貞、張玉良並稱為宋代四大女詞家。她才貌雙全，著有詞集五卷，題名《陽春白雪》，但可惜流傳至今的僅存三首，其中的《小重山·春愁》中有句：「謝了茶春事休，無多花片子，綴枝頭。」借詠茶花抒情，表達惜春的惆悵、離別之愁恨，如怨如訴，感染力強，最得人讚賞，故獲茶花神之稱。

因茶花花香色美，古詩人詞客多有吟詠讚頌，特別是宋代詩人所寫最多。其中宋詩人王淇所寫的一首《暮春遊小園》詩，最為出名，詩云：

　　　　一叢梅粉褪殘妝，塗抹新紅上海棠。

　　　　開到荼蘼花事了，絲絲天棘出莓牆。

　　詩人以女子紅粉比擬，寫春天的梅花謝了，海棠又紅了，接著又該是荼花開。荼花開時已暮春，群芳謝盡，花事結束，所以稱荼為殿春之花，又名「獨步春」。另有詩人寫道：「一年春事到荼，香雪紛紛又撲衣。」「東皇收拾春歸去，獨遣荼殿後塵。」「荼不爭春，寂寞開最晚。」都是寫荼開於晚春，香氣襲人的。

　　因荼花香，「蜀人取酴醿造酒，味道芳烈」，把酴醿所造之酒稱酴醿酒。《名醫別錄・景龍文館記》中亦有：「唐制召侍臣學士食櫻桃，飲酴醿酒，盛以玻璃盤，和以香酪。蜀人用以酴醿造酒，味甚香烈。」宋代龐元英所著的《文昌雜錄》中就載有北宋「京師貴家多以酴醿漬酒」。這裏所說的酴醿即指荼花。宋人朱肱在《酒經》一書中還專門記有製作酴醿酒的方法：「七分開酴醿，摘取頭子，去青萼，用沸湯焯過，紐乾。浸法，酒一升，經宿，瀝去花頭，勻入九升酒內。此洛中法。」這是一種真正的酴醿花酒。相傳，喝酴醿酒可透骨生香。

　　荼不僅可以入酒，還可以煮粥。宋代林洪的《山家清供》中就記有煮「荼粥」之法：「其花發，採花片用甘草湯焯，候粥熟，同煮；又採木香嫩葉，就元湯焯，以麻油、鹽、醢為菜茹。」另據《花經》載：「（荼）花宜釀酒，不亞玫瑰；又可實枕，甚益鼻根。」由此看來，荼花的作用真還不小呢！

却將密綠護深紅
——趣話石榴花

　　明媚五月，豔陽高照，百花盛開。石榴花紅似火，綠葉扶疏，十分悅目，故有「五月榴花照眼明」之佳句。

　　榴花似火，猩紅似血，特惹人眼。「火」、「紅」成了石榴花的一大特色。歷代詩人墨客贊詠石榴花也正是從「紅」字和「火」字著筆。唐溫庭筠《海榴》詩：「海榴紅似火，先解報春風。」唐白居易《石榴樹》詩：「可憐顏色好陰涼，葉剪紅箋花撲霜。」唐元稹《感石榴二十韻》詩：「綠葉裁煙翠，紅英動日華。」宋梅堯臣《石榴花》詩：「春花開盡見深紅，夏葉始繁明淺綠。」宋歐陽修《西園石榴開》詩：「綠葉晚鶯啼處密，紅房初日照時繁。」最生動有趣的還是元代詩人張弘范的《榴花》詩：「猩血誰教染絳囊，綠雲堆裏潤生香。」

　　石榴又名安石榴、丹若、沃丹、塗林、金罌、血珠、天漿、海榴、若榴等。道家又稱其為「三尸酒」，是說三尸蟲食此即醉。

　　石榴為石榴科落葉小喬木，原產於波斯。漢代時，張騫出使西域，經絲綢之路從安石國帶回。晉張華《博物志》載：「石榴本出塗林安石國，漢張騫使西域，得其種以歸，故名安石榴。」但從馬王堆出土的醫書中得知，早在西漢中國就有石榴了，只是那時還不叫石榴。明王志堅《表異錄·花果》亦云：「石榴，一名丹若，一名天漿。」

　　石榴花、果並美，作為吉祥物，又有多子多福的象徵，這主要源自榴果多子的特點。古人稱石榴「千房同膜，千子如一」。因石榴百子同包，金房玉

隔，果皮綻開，裏面有六個子室，每一子室都有很多紅燦燦、汁液充盈、甘甜可口的子粒。

因石榴子多，民間多用來象徵子孫後代繁榮昌盛、後繼有人。早在漢魏六朝時期，石榴就已成為結婚時的吉祥物，作為祝吉生子的吉祥瓜果。據《北史・魏收傳》載：北齊皇帝安德王納趙郡李祖收的女兒為妃。有一次，安德王到寵妃李家赴宴，臨別時，李妃的母親送給安德王兩個大石榴。但安德王不知是什麼意思，隨從人也都不知何意，把石榴扔了。這時有個叫魏收的大臣說：「石榴房中多子，王新婚，李妃母欲你們婚後子孫眾多。」安德王聽後很高興，又讓人把石榴拾起。後世結婚送石榴，祝多子多福便成風俗。民間婚嫁時，常於案頭或新房置放幾個露出紅色漿果的石榴，寓意新婚吉祥，婚後多子。傳統吉祥圖案「榴結百子」就是用來祝新婚吉祥多子的。

石榴花紅美豔，甚是美觀，古代女子多喜穿石榴花般紅色裙子來打扮自己，很得男性欣賞、迷醉。由此，便有「拜倒在石榴裙下」之說。後來，又引申比喻男子經不住女子誘惑而入迷途之意。

關於石榴裙，在《博異志》中還記有一個神奇的傳說：唐天寶年間，有個叫崔玄徵的人，春夜偶遇十餘位美女。內有一位著紅裙的佳人，姓石名阿措，兩人相見有意。此時出來一位姓風的女，呼為十八姨。其女舉止輕佻，一邊飲酒一邊起舞。阿措對她的舉止很看不起，便拂衣而起。這位阿措即石榴花神，眾美女皆為各種花神，十八姨為風神。這個傳說，隱喻了石榴花雖風姿豔麗，卻莊重自愛。正像一位性格高傲、莊重自愛的紅裙美女，受到很多男子的尊重和愛慕。因古代婦女穿的這種裙子如石榴花紅，故稱石榴裙，是由茜草染成，又稱茜裙。在唐人小說中的李娃、霍小玉就常穿這裙子。

古人不僅把石榴作婚育祝子的吉祥物，還作貢品和禮品。民間有把石榴、佛手、桃三大吉祥果繪於一圖的「華封三祝」吉祥紋圖。《莊子‧天地篇》的華地人祝賀帝堯「使聖人富」、「使聖人壽」、「使聖人多男子」的「華封三祝」圖案即來源於此，用來祝賀富裕長壽、多子多福。

關於「華封三祝」還有一個傳說故事。相傳堯有一天到華地巡遊，華地的封人（管理地方的官員）向堯獻祝頌詞曰：「惟願聖人多富、多壽、多男子。」堯聽了搖頭擺手說：「不敢不敢，多富就會引出很多麻煩事來，多壽就會碰上許多不如意的恥辱，多男就要多為他們操心，還是免了吧！」

華地的封人回答道：「天生了人，必要讓他們有事去作，每個男子都有事做了，還有什麼可操心的呢？富了的人把富餘的財物分給大家，讓人們都富足，又有什麼麻煩呢？天下安樂，與民同樂；天下不安，努力修德，千年之後，歸天去了，還會有什麼恥辱呢？」堯認為華地的封人答得很好，連連點頭。這一席先人的對話便給後人留下了「華封三祝」之美談，也給後人以很多啟示。後遂以「華封三祝」為祝福「多富、多壽、多子孫」之辭。

石榴剪紙石榴品種較多，中國栽培的有 60 多個品種，按用途可分為觀賞和食用兩類。觀賞的多屬復瓣，一般不結實，以花取勝。其中紅色的「重臺石榴」花瓣密集，層疊如臺，花朵形大，色彩紅豔，最惹人喜愛。白色的如「千瓣白」，重瓣白花，花期特長。還有一種「火石榴」，灌木盆栽，高僅尺餘，花紅似火，十分豔麗。四季石榴，又稱月季石榴，夏秋開花，花果並垂，令人可愛。有種「並蒂石榴」，梢生兩花，並蒂而開，引人入勝。

石榴花開單瓣者多可結實，現在中國培植的優秀品種很多。如新疆葉城的石榴，子粒滿，肉質厚，汁液甜，頗受歡迎。雲南蒙自的石榴，子粒特

大，果實也大。雲南貢呈的大紅石榴，汁多味美，紅若塗朱，鮮豔可愛。安徽懷遠的石榴，皮薄粒大，汁多味美。有一種叫「玉石子」的石榴品質最好。山西的三白石榴，皮、子均為白色，甘甜如蜜，又稱冰糖石榴。最著名的當數陝西臨潼石榴，素以果大、子多、香甜、味美著稱。人們俗話說：「提到臨潼，想到石榴。」臨潼有一種叫「天紅蛋」的石榴就是臨潼人民獻給毛主席紀念堂的盆栽石榴。現在，石榴花不僅被定為西安市市花，而且臨潼每年 9 月 10 日石榴成熟時，舉辦石榴節，開展文化、商貿、旅遊活動，引來八方客人共同品賞。

石榴有甜、酸、苦三種，以上所說的甜石榴均為食用的佳果。酸、苦石榴一般多作藥材，有止下痢、漏精的功效。石榴的花、果皮、根皮、葉亦可入藥。《分類草藥性》云：「治吐血、月經不調、紅崩白帶。湯火傷，研末，香油調塗。」石榴乾花性味酸澀平，有止血、消腫、調經、止帶之功效，可治療鼻衄、中耳炎、創傷出血、月經不調、紅崩白帶等。根皮能殺蟲、澀腸、止帶；果皮能澀腸、止血、驅蟲。

關於石榴可入藥治病，還有一個歷史故事。唐貞觀十五年（641 年），唐太宗將文成公主嫁給吐蕃（今西藏）王松贊干布。松贊干布從拉薩趕到青海迎接。由於一路上鞍馬勞頓，風吹日曬，腿腫生瘡難行。文成公主見後，立即令人在路邊採來石榴花，搗爛外敷。松贊干布腿腫很快消退，瘡口也好了。這一故事既譜寫了漢、藏兩民族和睦友愛的讚歌，也說明了石榴花可治病療瘡的功能。

石榴「丹葩結秀」、「朱實星懸」，歷來受到人們的讚許，民間還流傳有不少佳話。《方輿勝覽》載：傳說閩縣東山有榴花洞，唐代永泰年間，有個叫

蘭超的樵夫，在山上遇見一頭白鹿。他一直追到榴花洞口，洞門極窄，他追鹿進入洞深處，忽豁然開朗，洞內還有雞犬人家，見有一老翁，說是避秦的人，並勸蘭超留下。蘭超想回去告訴妻子後再來，臨別時老翁贈蘭超石榴花一枝。蘭超出洞後像做了一場夢，再欲前往，洞已不可見。雖然，這個故事有些像《桃花源記》的翻版，但從中可以看出石榴花在古人心目中的地位。

在武漢市龜山南麓的漢陽公園內，有一座石榴花塔。據塔碑所記：宋代時漢陽有一位孝婦，為孝敬婆婆殺了一隻雞，烹給婆婆吃。誰知婆婆吃雞後就死了，小姑子向官府告狀說是她害死婆婆。這位孝婦有口難辯。臨刑時折了一枝石榴花插於石縫中說：「我如果是毒姑，花即枯悴；如果是被誣陷，花會復生。」事後，這枝石榴花果然復活成樹，並且開花結果。人們非常同情這個孝婦，於是立塔來紀念她。

「五月榴花開紅似火。」五月是火紅之月，也是石榴花盛開之月，故五月又稱為「榴月」，在諸花中這是榴花所獨享的殊榮。石榴花還是西班牙、利比亞的國花。

淩波仙子靜中芳

——趣話荷花

炎炎盛夏，荷花盛放，亭亭玉立，嫋娜多姿，縷縷清香，沁人心脾；田田荷葉，碧綠如蓋，似仙女舞裙，令人陶醉。或乘月色，或踏晨露，徜徉荷塘，定會讓你心曠神怡，流連忘返。

荷花，又叫蓮花、芙蓉、水芙蓉、芙蕖、水芝、水丹、水旦、水蘭、水華、菡萏、澤芝等，屬多年生睡蓮科水生宿根植物，花開梗頂，有紅、粉紅和白色。

荷花品種甚多，著名的有一蒂雙花的並蒂蓮、一蒂三花的品字梅、金邊蓮、佛座蓮等。一般來說單瓣的大多結實，重瓣的供人觀賞。

中國為荷花的原產地，歷史悠久，在中國浙江省餘姚的河姆渡文化遺址和河南省仰紹文化遺址中，都多次發現有 5000 年至 6000 年前的古代碳化蓮子，說明中國栽培荷花已有 7000 多年歷史，更神奇的是在東北泥炭層中發掘出的古蓮子尚能發芽成活。在雲岡、龍門、敦煌石窟的壁畫和雕像中有「蓮花化生」的形象。中國最早有文字記載的是《詩經・鄭風・山有扶蘇》中就有「隰有荷華」。《詩經・陳風・澤陂》中有「彼澤之陂，有蒲與荷」、「彼澤之陂，有蒲菡萏」等詩句。

荷花得到人們的喜愛，主要是它具有高貴、純潔的品質。它「出污泥而不染，濯清漣而不妖」，被人們讚譽為「花中君子」、「翠蓋佳人」。早在 2000 多年前屈原的《離騷》中即有「制芰荷以為衣兮，集芙蓉以為裳」，用來表達自己的堅貞和清白。

寫荷花詩最多、最有名的當數宋代詩人楊萬里，他對荷花特別喜愛，特有感情，寫有荷花詩數十首。他的「小荷才露尖尖角」，「初見芙蕖第一花」，「接天蓮葉無窮碧，映日荷花別樣紅」等詩句均成為傳誦千古的名句。因讚美蓮花而寫《愛蓮說》的著名宋代理學家周敦頤，更是寫盡了蓮花高雅的氣質、優美的形態和純潔的品格。他讚美荷花「出污泥而不染，濯清漣而不妖」的名句，已成為人們追求高潔品質的標杆。清代方婉儀以號「白蓮居士」為

榮，甚至更改自己生日，把農曆六月二十四日荷花生日，定為自己的生日，並賦詩云：「淤泥不染清清水，我與荷花同生日。」由此可見人們對荷花的愛慕之深。

人們喜愛荷花，除了它的高貴品質和可供觀賞外，更重要的是它的實用價值也極高，可謂全身都是寶。蓮子除可供食用外，還可藥用，蓮子有清心、除燥、降血壓的功能。蓮花亦可入藥，搗爛可祛腫毒。蓮葉可清熱、解毒、止血，並可治療神經衰弱。其根莖——藕用途更廣，藕可制藕粉，營養豐富，是很好的補品；藕作藥用可補中益氣。藕還可加工成很多美味佳餚。明代李時珍《本草綱目》載：「醫家取為服食，百病可卻。」又曰：「根、莖、花、實幾品難同，清淨濟用，群美兼得。」由於荷花的這些功能和實用價值，所以，人們也把荷花作為吉祥花。

聖潔、妙法的白蓮是禪的代名詞，傳說禪的法脈開始於一朵蓮，佛陀手拈花，摩訶迦葉嫣然一笑，禪的法脈在安靜優美中得到傳承。相傳荷花是王母娘娘身邊一位美貌侍女玉姬的化身，當年玉姬迷戀人間幸福生活，動了凡心，背著王母娘娘偷偷下了天庭，來到杭州西子湖畔。西湖的秀美景色讓玉姬流連忘返，不願再離開人間。王母娘娘知道後用蓮花寶座將她打入湖底，讓她永遠留在西湖淤泥中，不得再登南天門，從此西湖中便有了出污泥而不染的玉潔水靈的荷花。這就是荷花的傳奇、神秘故事。

為什麼荷花與佛教有著密切聯繫呢？佛教認為蓮出污泥而不染，潔身自處，傲然獨立，這正與佛教所主張的處世人格相契合。佛教認為，現實世界是一片穢土污泥，有志者應努力修行，超凡脫俗，不受污染，達到清淨無礙的境界。由於蓮花的高潔品質正可以用來象徵佛教的這種教理，所以蓮花成

為佛教的吉祥寶物（即佛教八寶：法螺、法輪、寶傘、白蓋、蓮花、寶瓶、雙魚、盤長）之一。蓮花由此作為聖潔的象徵，成為聖潔之花。在佛教信徒心目中，佛即蓮，蓮即佛。

由於蓮花在佛教上的這種神聖意義，所以稱其宗為「蓮宗」。中國佛寺廟中的三世佛（即迦葉、釋迦牟尼、彌勒）及菩薩大都足踏蓮花座，菩薩則手持蓮花。在佛教的建築和藝術品中幾乎到處都可以看到蓮花圖案。

在佛教典籍中，也常用蓮花來象徵佛性。《妙法蓮華經》（即《法華經》）就是以蓮花喻佛，象徵教義的純潔高雅而得名。《雜寶藏經》所載的「蓮花夫人」的故事，說的就是雪山僊人的女兒，端正殊妙，步步生蓮花，被國王發現後納為王妃，稱為「蓮花夫人」，後來生的五百個兒子都是大力士。在《阿彌陀經》等許多佛教經典中，也都有關於蓮花的記載。

此外，在佛教中，「蓮花界」代稱「佛寺」，「蓮花衣」代指「袈裟」，佛像稱為「蓮像」，佛龕稱為「蓮龕」，蓮花幾乎成為佛教的代稱。蓮花也成為一種祥瑞，用來象徵佛性。自佛教傳入中國，荷花在人們心目中的地位又有了進一步的提升，成為人們心中的吉祥之花、聖潔之花。

荷花作為吉祥花，還是純潔愛情的象徵。中國栽植荷花地域極廣，南方水鄉，到處都有種植，尤其像洞庭湖、西子湖、珠江三角洲都是著名的荷鄉，民間每逢農曆六月二十四日荷花生日時，處處畫船簫鼓，賞花祝壽，採蓮傳情，成為水鄉一道歡樂、祥和、喜慶的獨特風景線。

早在古樂府《江南》詩中就有記敘江南採蓮時，少女們拋蓮求愛的場景，最典型的是唐皇甫松的《採蓮子》詩：

船動湖光灩灩秋，貪看年少信船遊。

無端隔水拋蓮子，遙被人知半日羞。

　　該詩活畫出一幅江南水鄉美麗動人的採蓮女拋蓮求愛的畫面。

　　除此之外，人們還常以藕斷絲連來比喻夫妻、情人情意綿綿，情深意切。唐代孟郊即有詩云：「妾心藕中絲，雖斷猶連牽。」舊時，還用「因何（音同荷）得偶（音同藕）」來作為祝賀新婚和姻緣美滿的吉語，並繪有荷花、蓮蓬及藕組成的紋圖。因蓮根為藕，明李時珍《本草綱目》云：「夫藕生卑污，而潔白自若，質柔而實堅，居下而有節。孔竅玲瓏，絲綸內隱，生於嫩荇，而發為莖葉花實，又復生芽，以續生生之脈。四時可食，令人心歡，可謂靈根矣。」因此，蓮藕除借寓夫婦之偶以及子孫不息的意思外，還是聰明伶俐的象徵。如舊時就有把蓮藕與蔥、菱角、荔枝組合一起的紋圖稱為「聰明伶俐」。把有兩朵蓮花生於一藕的紋圖稱為「並蒂同心」，作為夫妻好合、恩愛情深的象徵。在喜聯中就常以此入對，如：「比翼鳥永棲

　　連生貴子常青樹，並蒂花久開和諧家。」如盒中一枝蓮花及如意（或靈芝）的紋圖為「和合如意」圖，是因盒、荷與和、合同意同聲。人們還利用「蓮」的諧音，繪蓮花與蓮子（即蓮蓬）的紋圖，為「連生貴子」圖。此外，還有繪蓮花叢生的紋圖，為「本固枝榮」圖，以示世代綿延，家道昌盛。還有繪一枝蓮花的「一品清廉」圖，取「蓮」與「廉」同音，象徵為官清廉高潔。

　　由於蓮所具有的美好深邃的文化內涵，所以，很多事物都與荷花聯繫上，以求吉祥如意，以喻品潔高雅。

荷花，你是淤泥中誕生的不朽清純；你是藕斷後割捨不了的千年情懷；你是人間永不凋謝的芬芳甜美的笑靨；你是觀音蓮座上神奇的輪迴；你是佛腳下那一抹清幽；你更是人們心房中永遠盛開的吉祥、幸福之花⋯⋯

百步清香透玉肌
——趣話含笑花

花開不張口，含羞又低頭。
擬似玉人笑，深情暗自流。

這是古人對含笑花生動形象、細膩傳神的描畫。說起含笑花，彷彿眼前浮現一位靦腆害羞、嫣然含笑的少女，那神情、那神態、那神氣真讓人魂牽夢繞。

含笑不僅神態迷人，還在於它芬芳馨香，鬱鬱襲人。含笑花被列為中國著名十大香花之一。金人施宜生有一首《含笑花》的詩：「百步清香透玉肌，滿堂皓齒轉月眉。」就是寫含笑花清香宜人、可透玉膚的。宋詩人楊萬里也有《含笑花》二首，詩中寫：「一粲不曾容易發，清香何以遍人間。」寫含笑花香飄萬里。

含笑花的香氣很獨特，近似香蕉香味，古時稱為「瓜香」。古詩人也多有吟詠：「瓜香濃欲爛，蓮含碧初勻。含笑如何處？低頭似愧人。」「一點瓜香破醉眠，誤他詩客枉流涎。」這些詩都反映出詩人對含笑花「瓜香」的獨

特感受。

含笑花屬木蘭科木蘭屬，是一種常綠花木，高可達 2 至 3 公尺，盆栽的較小。葉片橢圓形，表面光亮。花單生於葉腋，花瓣 6 片，長橢圓形，淡黃綠色，有的邊緣為紫色或紅色的花暈，花期在 3 至 5 月，也有的四季開花。此花一般在下午開放，每朵能開三四天。花徑 2 至 3 公分，不全開，因而稱為含笑花。

含笑花原產中國南部廣東、福建等省，粵北有野生含笑。因含笑怕寒，在北方只能見到盆栽的含笑，冬天需搬入暖室越冬。《群芳譜》載：「含笑花產廣東，花如蘭；開時常不滿，若含笑然，而隨即凋落，故得名。」《花經》曰：「含笑花又名寒霄（諧音），高一二丈，滬上多盆栽，故形矮小；葉色淡綠，葉互生，有柄，金邊；花開四季不絕，唯氣候較寒處，冬須置入溫室……花長不及寸，單瓣，長卵形，淡黃色，香若香蕉然，又似甜瓜，故俗呼酥瓜花。」

舊時認為含笑有大、小兩種，又有白花、紫花之分。《本草綱目》云：「含笑出南海，有紫、白二種。」《邅齋閒覽》云：「大含笑小含笑，其花常若菡萏之未敷者，故有含笑之名。」《捫虱詩話》云：「含笑有大小，小含笑香尤酷烈，有四時花，唯夏中最盛。又有紫含笑、茉莉含笑，皆以日西入稍陰則花開。初開香尤撲鼻。」清人李調元《南越筆記》有：「古詩云：大笑何如小笑香，紫花哪似白花妝？」詩人通過對比，僅兩句詩就把四種含笑花都說到了。

詩人楊萬里詠含笑花

紫含笑花色豔麗誘人，富貴長春，然而詩人更喜白含笑的溫潤如玉。詩

人為比喻白含笑花，巧取喻體，有的贊它「翠羽衣裳白玉肌」，把它比為白玉一樣的肌膚；也有頌它為「只合更名小白蓮」，說它花白應取名小白蓮。

古代詩人詠含笑的詩篇較多，有人認為含笑之名是取笑他人的。北宋丁謂的《含笑花詩》云：「草解忘憂憂底事，花名含笑笑何人？」宋人鄧潤甫也有《含笑花》詩：「自有嫣然態，風前欲笑人。涓涓朝泣露，盎盎夜生春。」宋人劉克莊《含笑花》詩：「竊恐意觀安注腳，笑他何事與何人？」還有宋代大詩人蘇軾的《含笑花》詩：「而今只有花含笑，笑道秦皇欲學仙。」這些詩人都認為含笑之笑是在取笑別人的。也有詩人認為含笑之名，是表達自己內心喜悅的，並沒有取笑他人之意。宋詩人楊萬里《含笑花》詩：「半開微吐長懷寶，欲說還休竟俯眉。」

含笑花花香濃鬱，是提取香精的重要原料。另外，用含笑花可窨茶，並帶有香蕉味，清香宜人。

含笑花原產於中國華南，喜暖熱多濕氣候，更喜陰濕，又怕水澆過多；喜暖和，但又怕日光曝曬。其繁殖多以辛夷為砧木嫁接，也可扦插。

人們常言：「千金難買一笑。」如果你栽植一盆含笑花於庭院，那清秀醉人、姿色豔麗、冰清玉潔的朵朵含笑將會給你送來更多的歡樂和幸福，會讓你笑口常開、健康開心。

唯有葵花向日傾
—— 趣話葵花

四月清和雨乍晴，南山當戶轉分明。
更無柳絮因風起，唯有葵花向日傾。

這是宋代文人司馬光所寫的一首《客中初夏》詩。因葵花向日而開，故又名向日葵、迎陽花。又因其開黃色花盤，稱為黃葵。葵花另還稱西番葵。據《花鏡》載：「向日葵一名西番葵，高一二丈，葉大於蜀葵，尖狹多缺刻。六月開花，每幹頂上只一花，黃瓣大心。其形如盤，隨太陽回轉，如日東升則花朝東，日中天則花直朝上，日西沉則花朝西。結子最繁，狀如蓖麻子而扁。」

葵花朝日而開是其最大的特點，所以歷代詩人贊寫葵花詩也都抓住這一特徵來贊詠。唐代詩人戴叔倫的《歎葵花》詩云：「花開能向陽，花落委蒼苔。」

葵花為何向日而開？古人可能會不知其所以然。《說文解字》說：「黃葵常傾葉向日，不令照其根。」古人認為葵花向陽是為了不讓太陽照其根。但據現代科學研究分析認為：這是與其花盤下面的一種奇妙的植物生長素有關。其生長素有兩個特點：一是背光地方的生長素比向光面的多，當遇到陽光照射時，花便會隨太陽彎曲；二是生長素能刺激細胞生長，加速分裂繁殖，所以背光面比向陽面生長得快，故而朝陽。這即是葵花向陽的秘密。

葵花為菊科一年生草本植物，莖直立粗壯，有粗毛刺，中心髓部較發

達；葉互生，有長柄，葉片為廣卵圓形，邊緣呈鋸齒狀，兩面均粗糙；花為頭狀花序單生，花托圓扁平形，周圍有一圈黃色舌狀花；瘦果淺灰、白色或黑色，屬長卵形；花期為春夏季，全國各地均有栽培。

葵花是人們喜歡而又熟悉的植物，古人曾贊其為「秋花第一」。北宋詞人晏殊就有《黃葵》詩云：「秋花最是黃葵好，天然嫩態迎春早。」唐代詩人李涉亦有《黃葵》詩：「此花莫遣俗人看，新染鵝黃色未乾。」

葵花招人喜愛，不僅可供觀賞，而且還是一種經濟作物和理想的保健食品。葵花子可生食或熟食，含有豐富的油脂。該油中含有不飽和脂肪酸和維生素 E，有擴張血管、降低血壓和膽固醇，防止動脈硬化，營養皮膚和毛髮，延緩衰老及美容作用，其葉有抑菌、抗瘧疾作用；花盤有顯著降血壓作用；莖髓有利尿作用。葵花的乾花有祛風、明目功效，可治療頭暈、面腫、牙痛等。

葵花有說原產於中國，也有說 17 世紀初期才傳入中國，但這兩說均有誤。如果說 17 世紀才傳入中國，那麼，唐、宋詩人早就已有歌詠，唐、宋時期距今已 1000 多年了，怎麼可以說 17 世紀才傳入中國呢？只是中國葵花原來不叫向日葵，叫黃葵、丈菊、迎陽花罷了，是向日葵的名稱從 17 世紀才傳入中國。後來因向日葵叫法較通俗，所以流行開來，別的名稱漸漸生疏。我們從明代王象晉的《群芳譜》來看，其中對「西番葵」所記：「西番葵莖如竹，高丈餘。葉似蜀葵而大。花托圓二三尺，如蓮房而扁，花黃色。子如蓖麻子而扁。」當時所說的西番葵、丈菊等都應是指葵花，即今向日葵。

葵花夏秋開花，秋天成熟，又有的稱其為秋葵。秋葵花大色美，有向日性，也是指向日葵。但古書中所指的葵、錦葵、蜀葵、兔葵、龍葵、楚葵、

鳧葵等類，雖然也帶葵字，但絕對不是指向日葵。

葵，屬錦葵科植物，是中國古代的一種重要蔬菜，習稱露葵、葵菜、滑菜等，與錦葵同屬，其形其性也相似，為一年生草本植物。《本草綱目》曰：「葵者，揆也。葵葉傾日，不使照其根，乃智以揆之也。古人採葵必待露解，故曰露葵。今人呼為滑菜，言其性也。古者葵為五菜之主，今不復食之。」《詩經・豳風・七月》「七月亨葵及菽」中的葵，即指葵菜。

還有古人所說的蜀葵，也與葵花大相徑庭的。蜀葵，又稱戎葵、吳葵。因從西亞、南歐傳入，在蜀、戎、吳地最先栽培，故稱。也有說原產於中國，郝懿行《爾雅義疏》認為：「戎、蜀，皆大之名，非自戎、蜀來也。或名吳葵、胡葵，吳、胡亦謂大也。」蜀葵其形體也比錦葵大。

蜀葵為多年生草本植物，莖直立，沒有分枝，高可達 3 公尺，所以又俗稱為一丈紅。花似木槿而大，有深紅、淺紅、紫、黑、白色。由此看來，蜀葵也絕非向日葵。

扶桑解吐四時豔
——趣話扶桑花

夏初南國，湖畔堤旁，那一叢叢扶桑，花開正豔，光彩炫目，似一簇簇火焰在燃燒，紅光熠熠，甚為壯觀，令人油然想起宋代詩人蘇軾的「焰焰燒空紅扶桑」和蔡襄的「野人家家焰，燒紅有扶桑」的詩句來。

扶桑又名佛桑、朱槿、赤槿、日及等，為錦葵科灌木或小喬木，花似木

槿花，花瓣 5 枚，倒卵形，花冠較大，有 10 公分，亦有重瓣。葉、莖似桑樹葉，枝條柔軟，葉色深綠，花色有黃、白、紅，以赤紅為多，也較受歡迎。

扶桑是原產於中國的一種古老花卉，早在《山海經》中就有記載：「湯谷上有扶桑。」李時珍《本草綱目》中記有：「東海日出處有扶桑樹，此花光豔照人，其葉似桑，因以比之。後人訛為佛桑。乃木槿別種，故日及諸名亦與之同。」嵇含《南方草木狀》云：「朱槿一名赤槿，一名日及，出高涼郡（今廣東省內）。花、莖、葉皆如桑。其葉光而厚。木高四五尺，而枝葉婆娑。其花深紅色，五出，大如蜀葵，重敷柔澤。有蕊一條，長於花葉，上綴金屑，日光所爍，疑若焰生。一叢之上，日開數百朵，朝開暮落。自五月始，至仲冬乃歇。插枝即活。」李時珍所說的扶桑樹，指的是神話傳說的金烏（太陽）所棲的「扶桑若木」。而現實的扶桑在南方，分佈很廣。因扶桑不耐寒，只能生長於南方，花可四時不衰。

扶桑花色有黃、白、紅三色，但「紅尤為貴」。因紅色扶桑花開豔麗，似火焰燃燒，故扶桑又別稱為「朱槿」、「赤槿」，歷代詩人詠扶桑也多寫紅色扶桑。明代詩人桑悅有《詠扶桑》七律詩一首，即讚美紅扶桑云：「南無麗卉鬥猩紅，淨土門傳到此中。」唐代詩人戎昱也有《紅扶桑》詩贊云：「花是深紅葉 塵，不將桃李共爭春。」

因扶桑花開四時，紅豔無比，又有不與桃李爭春的品格，給人以朝氣蓬勃、蒸蒸日上之感，所以古人有折扶桑贈送給少年人，勉勵他們努力奮鬥，願他們將來事業紅紅火火的習俗。另外，漳州一帶和南方婦人還有簪扶桑花的習俗。

扶桑喜歡陽光，不耐寒，生長於南方。因其在水分充足溫暖濕潤的環境

中生長較快，對土壤要求不高，可以在每年三四月間地插即可成活。近代已從廣州引入世界各地，今天還已成為馬來西亞和斐濟的國花。在馬來西亞國徽上還可以看到扶桑的圖案。

扶桑不僅是南國人們喜愛的麗卉，而且花、葉還可入藥。扶桑花性味甘、寒，無毒，有清肺、化痰、涼血、解毒的功效，可治療痰火咳嗽、鼻衄、痢疾、癰腫、毒瘡等。花期時，可採摘花朵，晾乾用。《陸川本草》云：「涼血解毒。治血熱、衄血、血瘙、毒瘡。」《嶺南採藥錄》云：「清肺熱，去痰火，理咳嗽。」此外，扶桑花、葉，還有鬆弛平滑肌、降血壓的作用。

扶桑四時常豔，已成為南國人們喜愛之花。尤其是新春佳節，陽臺上或屋內擺上一盆紅扶桑花，花色紅豔，光彩照人，立即給您帶給朝氣蓬勃、紅紅火火、春意盎然之感。

披雲似有淩雲志
——趣話淩霄花

淩霄，聽其名觀其物，它確實是一種具有壯志淩雲、直衝霄漢精神的花卉。故《本草綱目》云：「（淩霄）附木而上，高數丈，故曰淩霄。」

淩霄在中國栽培已有 2000 多年的歷史。在中國的第一部詩歌總集《詩經·國風》和《小雅》中兩次提到。《詩經·小雅·苕之華》詠之：「苕之華，芸其黃矣。」「苕之華，其葉青青。」詩中所稱的苕華，即陵苕，指今之淩霄。《廣群芳譜》云：「淩霄花一名紫葳，一名陵苕，一名女葳，一名茇華，

一名武威，一名瞿陵，一名鬼目，處處皆有，多生山中，人家園圃亦栽之。」此外，凌霄還有陵華、陵時、傍牆花等別稱。中國古代還稱凌霄為蔈和苓。《爾雅》云：「苕，陵苕，黃華蔈，白華茇。」是說黃色的凌霄叫蔈，白色的凌霄叫茇。可惜，這種開白花的凌霄已失傳，現在很難看到了。

凌霄屬紫葳科凌霄屬落葉藤本植物，原產中國長江流域及華北等地，稱為大花凌霄，枝幹粗壯，奇數羽狀復葉，花冠筒短，花頭碩大，花色橙紅或紅黃，鮮豔可愛。

凌霄花期較長，一般 7 月開花，直到 10 月，一個花序可開花三四十天。凌霄開花的時候，正是花事闌珊之季，而一簇簇火紅的凌霄花卻凌空開放，在濃蔭的映襯下，格外惹人注目，讓人喜愛。凌霄花後結豆莢類的果實，其莢中種實有翅，成熟後莢自然開裂，種子便隨風展翅而飛，去繁殖後代。而人工繁殖多用壓條或插枝，成活率高，生長快。

凌霄多援木而上，節間有吸根，著木而生，直衝雲霄。《花經》中對其生長特性描述較詳：「凌霄蔓生，附木而上，節間有吸根，著樹牢固，堅不可拔；夏初樹頭抽花，大若喇叭，雜綴葉間，湛綠深黃，燦爛奪目，歲久自能獨立成木，亭亭如蓋，尤覺可愛。」

凌霄因附木而上，故中國歷代詩苑文壇對其多有悖論爭辯，有褒有貶，難分正誤，為中國花卉褒貶爭論最大者之一。貶其者最有代表性的是唐代詩人白居易，有詩云：

　　　　有木名凌霄，擢秀非孤標。

　　　　偶依一株樹，遂抽百尺條。

托根附樹身，開花寄樹梢。

自謂得其勢，無因有動搖。

一旦樹摧倒，獨立暫飄飆。

疾風從東起，吹折不終朝。

朝爲拂雲花，暮爲委地樵。

寄言立身者，勿學柔弱苗。

　　這首詩樸素自然、語言平易，很好理解，但寄意深切。詩說有一種叫淩霄的樹，看上去高聳秀麗，可它是依附在別的樹上，才抽出很長的枝條；它的藤蔓攀附在別的樹身上，才開花在樹梢上；它自身以爲很得勢，沒有什麼力量可以動搖它。可是，一旦大樹被摧倒，它就不能獨立，只好在風中飄搖了。如果遇到大風，那它就會被吹折，早上還開花拂雲，晚上就倒地成了木柴。詩人最後寄言那些想成就事業者，要自立自強，不要像淩霄那樣柔弱，依勢才能生存下去。

　　淩霄花因爲需依附樹木而生，故《三柳軒雜識》譏稱「淩霄花爲勢客」。就是貶斥它不能自立自持，枉有淩雲壯志，也只能趨勢攀高。

　　其實不然，淩霄花還是值得稱道讚揚的。在夏日庭院或公園裏，淩霄花攀棚成蔭，翠蔓絳英，寶花懸垂，既美化環境，又爲人們遮陽驅暑。此外，淩霄花的花、葉、根、莖均可入藥。花能破血去瘀，用以治療婦女閉經、痛經、崩中帶下等症；莖、葉可治痔瘡和風疹瘙癢；針對半身不遂和風濕關節痛也有一定療效。早在東漢時，著名醫學家張仲景就已用淩霄花入藥，在《神農本草經》中也已有記載。

　　清代文人李笠翁對凌霄花誇獎有加。他評價說：「藤花之可敬者，莫若凌霄。」

　　凌霄花也有不依樹獨立而生的。據《老學庵筆記》載：「凌霄花未有不依木而能生者，唯西京富鄭公園中一株，挺然獨立，高四丈，圍三尺餘，花大如杯，旁無所附。宣和初，景華苑成，移植於芳林殿前，畫圖進御。」對於富鄭公園中生長的這株凌霄，《花史》和《曲洧舊聞》等書也有記載：宋朝富鄭公住在洛陽時，他家的園圃中有一株凌霄，無所依附，特起自立，歲久便成大樹，高達數尋，十分壯觀。

　　需要提醒的一點是，凌霄花花粉有毒，據《廣群芳譜》、《群芳譜》和《本草綱目》所載：（凌霄花）久聞易傷腦。花上露水滴入眼中會失明，孕婦經花下可能引起流產，不可不慎。

　　凌霄花古樸典雅，婀娜別致，蓬勃向上，是一種宜栽植庭院的觀賞花木。每當夏日來臨，它柔枝紛披，碧葉蔥蘢，紅花垂掛，那一朵朵小花像一個個正吹響的紅黃色小軍號，催人奮進，勇往直前。

楚宮花態至今存
──趣話虞美人花

楚宮花態至今存，傾國傾城總莫論。

夜帳一歌身易殞，春風千載恨難吞。

胭脂臉上啼痕在，粉黛光中血淚新。

誰道漢宮花似錦，也隨荒草任朝昏。

吟讀明代詩人孫齊之的這首《詠虞美人》詩，真不知詩人是在詠虞美人花，還是在詠美人虞姬。

相傳，秦亡後，楚漢相爭。劉邦、項羽為爭奪天下，會戰於垓下。由於項羽平時驕矜恃勇，剛愎自用，不像劉邦那樣禮賢下士，知人善任，所以敗於劉邦。這次垓下之戰，項羽兵敗，四面楚歌。項羽憂心如焚，夜不成寐，獨在帳中飲酒。此時，他面對經常隨自己南征北戰的烏騅馬和自己心愛的美人虞姬，不禁悲從中來，舉杯慷慨悲歌：

力拔山兮氣蓋世，時不利兮騅不逝。
騅不逝兮可奈何，虞兮虞兮奈若何？

項羽慷慨高歌，虞姬和歌而舞，愴然唱道：

漢兵已略地，四方楚歌聲。
大王意氣盡，賤妾何聊生！

虞姬唱罷，遂拔劍自刎，血灑一地。鮮血所流之處，皆長出一種紅得像血的花來，後人便稱它為虞美人花。《碧雞漫志》即載有：「虞美人花坐說稱，起於項籍虞兮之歌，余謂後世以此命名可也。」

由於虞美人花的這一段悲壯、動人的傳說故事，歷來詞人墨客詠虞美人

花時，都以此歷史典故為題，滲入詩人傷古悲今之感慨。宋代詩人姜夔所寫
的一首《賦虞美人草》詩，即是以此故事為背景來寫的。詩云：

> 夜闌浩歌起，玉帳生悲風。
> 江東可千里，棄妾蓬蒿中。
> 化石那解語，作草猶可舞。
> 陌上望騅來，翻然不相顧。

　　由於虞美人花與項王悲歌的歷史故事相關，歷代文人墨客都喜歡以此創
造出很多獨具文學魅力的形式和意象來。宋代就把「虞美人」作為一種詞
牌，創作出大量千古流傳的佳詞。

　　虞美人花屬罌粟科，有人稱虞美人花，也有人稱虞美人草，花草一名。
虞美人花別名滿園春、舞草、麗春花、仙女蒿、賽牡丹等，盛開於春暮夏
初。

　　虞美人花色有朱紅、粉紅、紫紅、白色，異彩紛呈。其品種有單瓣和重
瓣之分。重瓣千葉為佳品，花瓣很別致，瓣輕薄，若彩蝶振翅欲飛。其姿蔥
秀，花莖直立，花生於枝頂端。未開花時，花蕾低垂，花開始直，紅豔喜
人，分外妖嬈。特別是和風一吹，輕盈曼舞，會讓人立即聯想到虞姬在項羽
帳中翩翩起舞之態。花後結果，果實如豆，形如蓮子，可自播自生。

　　虞美人花中國古已有之，並非所傳是由歐洲或中東傳入中國。從「霸王
別姬」的故事可知漢代已有。相傳，四川雅州是虞美人花最早產地，唐人段
成式的《酉陽雜俎》記有：「虞美人草，獨莖三葉，葉如決明。一葉在莖端，

兩葉在莖之半，相對而生，人或近之，抵掌謳曲，葉動如舞，故又名舞草。
出雅州。」

中國各地均產虞美人花。《花鏡》中云：「江浙最多，叢生，花葉類罌粟
而小。一本為數十花，莖細而有毛，發蕊頭朝下，花開始直，單瓣叢心，五
色俱備。姿態蔥秀，因風飛舞，儼如蝶翅扇動，亦花中妙品。」由以上所記
來看，虞美人花可聽曲而舞。

宋代著名科學家沈括在《夢溪筆談》中就記有一件趣聞：高郵有一個奇
人叫桑景舒，精通樂理，可聽懂各種植物發出的聲音，能推測出人世禍福。
他尤善樂律，傳聞四川雅州有一種虞美人草，聽到人唱《虞美人》曲時就會
枝葉舞動，而唱別的曲子就不動。桑景舒便試驗了一下，果然如此。有一
回，桑景舒取出一把琴試彈了一曲別的曲子，虞美人草也翩然而舞起來，可
這不是《虞美人》曲，怎麼也會跳起舞來了呢？桑景舒認為：曲子雖然不是
《虞美人》曲，但彈奏的琴卻是吳地的。因項羽是江蘇宿遷人，起兵在浙江，
均屬吳地。由此可見虞美人草是有靈性的！

虞美人花與罌粟花姿容相似，很容易混淆，特別是罌粟花也稱麗春草，
但兩草絕非一物，罌粟花僅是虞美人花的近親姊妹。罌粟可提煉毒品，禁止
栽種。而虞美人全草、花及果實均可入藥，味甘、微溫、無毒。據《圖經》
云：「麗春草療心頭氣痛，繞心如刺，頭旋欲倒，兼脅下有痃氣及黃疸等，經
用有驗。」此外，此花還有止瀉、鎮痛、鎮咳等功效。因虞美人花對硫化氫
等污染物抵抗力極差，稍一接觸就失嬌容，所以，還可以作硫化氫的檢測植
物。

虞美人花娉娉婷婷，豔麗迷人，再加之虞姬的動人故事，更增其文化內

涵，故得中國文人雅士的青睞和喜愛。

靈種傳聞出越裳
——趣話茉莉花

「好一朵美麗的茉莉花，好一朵美麗的茉莉花，滿園花開香也香不過它……」當聽到這首婉轉、悠揚、動聽的江南民歌《好一朵美麗的茉莉花》時，立即會把人帶入江南的夏日夜晚。那幽靜的街巷籠罩在煙雨朦朧中，青石板小路上，一陣清脆的足音傳來，一個女孩手捧一束潔白的茉莉花，把輕盈的香氣灑落在煙雨中。一位穿長褂的青年讀書人，手撐一把油紙雨傘向女孩走來。這對情侶相擁相親，只有茉莉花在芳香中溫柔地訴說著花語……

茉莉花

茉莉沒有瑰麗的色彩，沒有婀娜的身姿，只有清幽淡雅的花香引人迷醉。中國古人曾讚譽它為「人間第一香」，被列為 8 種最名貴的芳草之一（金娥、玉嬋、虎耳、鳳毛、素馨、渠那、含笑、茉莉）。

據歷史文獻記載，茉莉原來確產於越南，秦、漢時代傳入中國，從那時算起，茉莉在中國也已有 2000 多年歷史了。據西漢陸賈《南越行記》載：「南越之境，五穀無味，百花不香。此二花特芳香者，緣自胡國移至不隨水土而變，與夫橘北為枳異矣。彼處女子，用彩絲穿花心以為飾。」也有史料認為茉莉是從波斯（今伊朗）傳入。李時珍《本草綱目》載：「末利原出波斯，移

植南海，今滇（今雲南）、廣（今廣東）人栽蒔之。」《花經》也有同種說法。但更多人則認為茉莉原產天竺（今印度），南宋詩人王十朋有詩曰：「沒利名嘉花亦嘉，遠從佛國到中華。」另有詩云：「風韻傳天竺，隨經入漢京。」因佛教原出印度，所以稱為佛國天竺。宋人鄭域《鄭松窗詩話》亦云：茉莉是漢代時隨佛教傳入中國。自「茉莉」傳入中國，音同，字不同，產生了多種寫法。除以上末利、沒利外，還有寫作「抹利」、「抹厲」、「抹麗」、「末麗」等。此外，茉莉還有很多別稱。仍以《本草綱目》記云：「韋君呼為狎客，張敏叔呼為遠客。楊慎《丹鉛錄》云：晉書都人簪柰花，即今末利花也。」《三餘贅筆》亦云：「曾端伯以茉莉為雅友，張敏叔以茉莉為遠客。」因茉莉是熱帶和亞熱帶植物，性喜熱高濕，怕低溫冷凍。移植中國後，在中國南方福建、廣東、江西、江蘇、浙江、安徽等地均廣為栽培。現在中國已成為世界上生產茉莉最多的國家，世界三分之二的茉莉都產於中國。福建省福州市還把茉莉定為市花。菲律賓、烏拉圭、印尼等國把茉莉定為國花。

　　茉莉花屬木樨科素馨屬常綠藤本或直立灌木，枝條密集，單葉對生，葉翠綠似翡翠，花色潔白，有單瓣或重瓣，每年4至6月開花，分為三季，4至6月為春花，品質一般；7至8月為伏花，香味最濃，品質最佳；9至10月為秋花，品質仍佳。

　　茉莉花潔白如雪，花香清芬，一般都在晚上7至9點開放，香蕾初綻，香風冉冉，清芬飄蕩，沁人心脾。特別是在夏天，暑熱難耐，茉莉花開，色如冰雪，香氣清涼，頓時會給人一種暑氣頓消之感。《武林舊事》和《乾淳歲時記》均記有：南宋淳熙年間，孝宗皇帝趙　去翠寒堂納涼，那裏就放有數百盆茉莉花和素馨，滿殿清芬氤氳，暑熱頓消。因茉莉色白似雪，冰清玉潔，

花香素淨，看後會有一種清涼之感是有道理的。

　　茉莉還是吉祥、幸福之花，古人有折茉莉置於枕旁的習俗。古詩中多有吟詠：「消受香風在涼夜，枕邊俱是助情花。」故茉莉花還有「助情花」之稱。

　　茉莉花香濃鬱，占盡了香之濃、清、遠、久之特徵，不愧是「人間第一香」。所以人們常用茉莉窨茶或製作香精。茉莉花茶又稱「香片」，不僅芳香耐久，且清甜可口。用茉莉花提取的茉莉浸膏，是製作香脂、香精的原料。據說提取 1 公斤茉莉浸膏就需要 1000 公斤茉莉花。茉莉花的具體功用，李時珍在《本草綱目》中講得比較詳盡：「茉莉弱莖繁枝，綠葉團尖。初夏開小白花，重瓣無蕊……其花皆夜開，芬香可愛。女人穿為首飾，或合面脂。亦可燻茶，或蒸取液以代薔薇水。」

　　茉莉花白似雪，香濃似麝，是古代婦女喜歡的裝飾品。古代婦女喜歡把茉莉花簪於髮髻或鬢角上，早在晉代已成為一種風尚。唐時，長安婦女簪茉莉花已成一種習俗，南宋婦女簪花更為普遍，《武林舊事・卷三》記有：「（杭州）六月……茉莉為最盛，初出之時，其價甚穹，婦人簇戴，多至七插，所值數十券，不過供一晌之娛耳。」為了戴一晌的茉莉，花費這麼多錢，可見當時人們對簪茉莉花之重視。清人李漁在《閒情偶寄》中記云：「茉莉一花，單為助妝而設，其天生以媚婦人者乎！」

　　因古代婦女常以茉莉花裝點鬢鬢，佛書上又稱其為「鬘華」。宋代蘇東坡在紹聖年間遭貶，被貶海南儋州，見當地黎族姑娘口嚼檳榔，競簪茉莉，隨戲筆賦詩寫下「暗麝著人簪茉莉，紅潮登頰醉檳榔」的詩句，生動地將黎族的風土人情勾畫了出來。

　　古時，用茉莉花簪花的方式也很多，有把茉莉花插在髮髻上的，有戴在

鬢邊的；有僅「簪一枝」的，也有「兩鬢都滿」的；有用彩線穿成花串掛在
釵頭上的，也有編成花環縮在花鬟上的，真是令人眼花繚亂，不可勝收。清
人余懷在《板橋雜記》中記下當時婦女簪花的情景：「裙屐少年，油頭豐臂，
至日亭午，則提籃挈榼，高聲喝賣逼汗草、茉莉花。嬌婢捲簾攤錢爭買，捉
腕捫胸，紛紜笑謔……」作者為我們勾畫出了一幅清時仕女簪花的南國風俗
圖。古代婦女不僅用茉莉花簪髻鬟，還用細鋁絲把茉莉花串成球，稱為「茉
莉球」，掛在衣襟上作飾品，有詩謂「茉莉球邊擘荔枝」。也有把茉莉球斜戴
在髮髻上，有詩謂「倚枕斜簪茉莉花」。此外，還有把茉莉花放在一精巧玲瓏
的小花籃或小花袋中，掛在蚊帳內的，讓茉莉的清香伴人進入甜美的夢鄉。
婦女簪茉莉的風俗，一直傳衍至今，在江南現仍有婦女簪茉莉的習俗。

　　眾所週知，我們現在所栽培的均為白色茉莉花。從古籍中我們還得知古
代還有一種紅色和粉紅色的茉莉花。《群芳譜》中就記有：「（茉莉）一種紅
者，色甚豔，但無香耳；又有朱茉莉，其色粉紅。」清人王士禎《隴蜀余聞》
記有：「重慶府有紅茉莉。」《本草綱目》和《花經》中也都記有這種紅茉莉。
古詩中亦有「佛香紅茉莉，番供碧玻璃」。如細加辨認，紅茉莉其實是紅素
馨，不屬茉莉。《花經》中還記有一種金黃色的金茉莉和綠茉莉，《廣東志》
云：「雷瓊二州有綠茉莉，本如蔦蘿。有黃茉莉，名黃馨。」其實，這些綠茉
莉、黃茉莉，均非屬茉莉。所謂的金茉莉，是為濃香的探春。黃茉莉為雲南
黃素馨，別名雲南迎春，根本不是茉莉。所謂綠茉莉，更不得而知。此外，
四川還有一種紫茉莉，屬草本。《廣群芳譜》記曰：「又有朱茉莉，其色粉
紅，有千葉者。初開花時心如珠，出自四川。」《草花譜》云：「紫茉莉草本，
春間下子，早開午收。一名胭脂花，可以點唇，子有白粉可傅面，亦有黃白

二色者。」還有一種大花茉莉，實際是素馨的變種，亦叫大花素馨，生性強健，耐寒耐旱，現廣為栽種。

茉莉在江南還曾稱作「柰」、「素柰」。《晉書》載，成帝時，「三吳女子相與簪花，望之如素柰，傳言天公織女死，為之著服。」原來吳地女子簪茉莉，是為天上織女之死而舉行的一種示喪的妝飾。如果認真分析，「望之如素柰」，並不等於「簪素柰」，這種認識是錯誤的。柰，一般指蘋果類植物，看來柰不是茉莉。茉莉原產於熱帶，性不耐寒，所以，華中以北地區栽植茉莉要注意保溫。

「好一朵茉莉花，好一朵茉莉花，滿園花開比也比不過它……」茉莉花是人們垂愛的花卉，它雖然沒有絢麗的色彩，沒有嫵媚的姿態，但是，它潔白無瑕，樸素自然，別的花確難相比。特別是在靜寂的夜晚，碧月映花，它那潔白如玉的花舒展開來，靜悄悄地給人們送來一縷縷芳香，是那麼濃烈，又是那麼清新；是那麼幽雅，又是那麼悠遠，頓時會使你陶醉在異香馥郁之中，在香甜的美夢中沉睡。

香紅嫩綠正開時
——趣話鳳仙花

每當夏季，那一叢叢朱紅、粉紅、淡黃、紫紅、潔白的鳳仙花競相開放，異彩紛呈，爭奇鬥豔，風姿清麗。特別是那一朵朵枝間小花如一隻隻翹翅的金鳳，正展翅欲飛。真個是「細看金鳳小花叢，費盡司花染作工」。

　　鳳仙花為鳳仙花科一年生草本植物，別名有金鳳花、羽客、小桃紅、好女兒花、指甲花、吉吉草、急性子、旱珍珠、菊婢、散沫花等，株高30至80公分，莖肉質。花於枝丫間開放，有單瓣或重瓣。李時珍《本草綱目》云：「其花頭翅尾足，俱翹翹然如鳳狀，故以名之。女人采其花及葉包染指甲，其實狀如小桃，老則迸裂，故有指甲、急性、小桃諸名。宋光宗李後諱鳳，宮中呼為好女兒花。張宛呼為菊婢。韋君呼為羽客。」《花鏡》亦曰此花「形宛如飛鳳，頭翅尾足俱全」，因此叫金鳳花。《廣群芳譜》中寫得更清楚：「鳳仙一名旱珍珠，一名小桃紅，一名染指甲，人家多種之……苗高二三尺，莖有紅白二色，肥者大如拇指，中空而脆，葉長而尖，似桃、柳葉，有鋸齒，故又有夾竹桃之名。丫間開花，頭翅尾中足俱翹然如鳳狀，故又有金鳳之名。色紅、紫、黃、白、碧及雜色，善變易，有灑金者，白瓣上紅色數點，又變之異者，自夏初至秋盡，開卸相續，結實累累，大如櫻桃，形微長，有尖，色如毛桃，生青熟黃，觸之即自裂，皮卷如拳，故又有爭性之名。」

　　鳳仙花是中國大眾喜歡的花卉，中國各地均有栽種，其品種繁多。據清人趙學敏《鳳仙譜》統計，那時中國已有233個品種。有一種矮稈鳳仙，高僅20公分；有「一丈紅」，高達一丈，開紅花；有「五色當頭鳳」，花大而色豔；還有「千瓣鶴頂紅」，花色豔麗、花姿生動。另有一種紅鳳仙花極香，人們稱為「七里香」。《仙遊縣志》載：「七里香，樹婆娑，略似紫薇，蕊如碎珠，紅色，花開如蜜色，清香襲人，置髮間，久而益馥，其葉搗可染甲鮮紅。」古代婦女常把它藏於襟袖間，或簪於髮際，很受人們喜愛。

　　鳳仙花別稱好女兒花，據說宋光宗的李後諱鳳，宮中妃嬪、太監為了避諱，給鳳仙花改稱好女兒花。

　　鳳仙花花色有紅、黃、白、紫、碧及雜色，可謂是五顏六色、繽紛多彩，故被詩人喻為「九苞顏色春霞萃」。「九苞」一詞來自「威鳳九苞」之說。

　　鳳仙花原產於中國、印度、馬來西亞，是人們較為喜歡的一種花卉。晉代嵇含《南方草木狀》曰：「指甲花……亦自大秦國移植於南海。而此花極繁細，才如半米粒許。彼人多折置襟袖間，蓋資其芬馥耳。一名散沫花。」另據《花史》載：晉人謝長裾見了鳳仙花，叫侍兒取來葉公金膏，說心裏用塵尾蘸了膏，向花瓣上灑去，折下一枝，插在倒影山側。第二年，此花金色不去，卻成了斑點，大小不一，如同灑金，即名此花為倒影花。可見，晉代以前因此花花美色豔、芬芳馥郁，人們即廣泛種植，距今已有近 2000 年的歷史了，歷代詩人多有歌詠。如唐詩人吳仁璧的《鳳仙花》詩云：「香紅嫩綠正開時，冷蝶饑蜂兩不知。」宋代詩人歐陽修就親手栽過鳳仙花，還寫一首七言絕句《金鳳花》：「憶繞朱欄手自栽，綠叢高下幾番開。」

　　紅鳳仙花色美，故又名「小桃紅」。因此鳳仙花開紅豔豔，也最招女孩兒喜愛。女孩兒喜歡美，愛染指甲，鳳仙花正可以染指甲，故又稱「指甲花」。用鳳仙花染指甲的風俗民間流傳已久，即把摘下的鳳仙花加上一點明礬，放在銅勺或盆中搗爛，敷在指甲上，然後再包裹住，紮上線，經過一夜，第二天一個個指甲猩紅，甚是可愛喜人，可保留數月不褪色。

　　元代女詞人陸琇卿的《醉花陰》詞，寫古時女孩用鳳仙花染指甲和化妝的情景很有情趣。詞雲：

　　曲闌鳳子花開後，搗入金盆瘦。銀甲暫教除，染上春纖，一夜深紅透。
　　絳點輕濡籠翠袖，數顆相思豆。曉起試新妝，畫到眉彎，紅雨春山逗。

　　用鳳仙花染指甲，歷代詩人還留下很多詩句：「夜搗守宮金鳳蕊，十尖盡換紅鴉嘴。」「金鳳花開色最鮮，佳人染得指頭丹。金盤和露搗仙葩，解使纖纖玉有瑕。」「染指色愈豔，彈琴花自流。」

　　另傳，用鳳仙花染指甲不僅纖指蔻丹，增添女性的美麗，而且還有防治指甲溝發炎、腫痛，以及治療灰指甲、鵝掌風等功用。

　　此外，鳳仙花的花、種子、根、葉均有藥用價值。花可治蛇傷、風濕臥床不起。根可治咽喉物鯁。民間單方傳：雞骨魚刺或銅鐵卡於咽喉，可用金鳳花根洗盡嚼爛咽後骨自下，對雞骨卡入最有效。葉搗爛還可治杖打腫痛。其種子可治難產、小兒積食等，也可治骨鯁刺卡。《本草綱目》中即記有：「鳳仙子其性急速，故能透骨軟堅。庖人烹魚肉硬者，投數粒即易軟爛，是其驗也。」《廣群芳譜》也記有：「苞中有子，似蘿蔔子而小，褐色，氣味微苦溫，有小毒，治產難、積塊咽、膈下骨鯁、透骨通竅。葉甘溫滑無毒，活血消積。根苦甘辛有小毒，散血通經，軟堅透骨，治誤吞銅鐵。」

　　鳳仙花還是吉祥之花，除可入藥治病外，還可避各種害蟲，如房前屋後、角角落落栽種鳳仙花，不僅五彩繽紛，美化環境，而且毒蛇、百蟲都會遠遠躲開，不敢侵擾。所以民間稱其為「吉吉草」。

　　鳳仙花果實成熟後若稍一接觸，果皮瓣便自裂急向內卷如拳，將種子向四周彈出，很招小男孩兒喜歡，常作小玩意兒來玩。因此，鳳仙花還有一個有趣的中藥名字叫「急性子」。

　　鳳仙花喜熱畏寒，還是抗污染的理想花卉，對氟化氫很敏感，稍接觸即枯死。因此，人們還把鳳仙花用於監測氟化氫污染。

　　鳳仙花還可食用，明《遵生八箋》載：「鳳仙花梗，採梗肥大者，去皮，

削令乾淨，早入糟，午間食之。」《廣群芳譜》亦曰：「鳳仙花梗採頭芽焯，
少加鹽，曬乾，可留半年餘，以芝麻拌供，新者可入茶最宜。」

紫薇長放半年花
——趣話紫薇花

似癡似醉弱還佳，露壓風欺分外斜。
誰道花無百日紅，紫薇長放半年花。

夏秋時節，紫薇花開，繁英滿枝，堆紫吐紅，接繼不斷，嫵媚動人，分
外悅目。

紫薇又稱為百日紅、滿堂紅，俗稱癢癢樹，屬千屈菜科落葉喬木，樹高
可達 3 至 6 公尺，枝幹多扭曲，單葉互生或對生；樹皮平滑淡褐色，稍長樹
齡皮呈片狀剝落；枝條柔軟，能隨意盤曲成花籃、花門等；圓錐花序著生枝
條頂端，花序甚大，上面有花數十朵或更多；每年夏季 7 月開花，一直延續
到 10 月，所以又稱百日紅。

紫薇有四種花色，開紅花的稱紅紫薇，開白花的稱白紫薇或銀薇，開紫
色帶藍的花稱翠薇，開紫色花的稱紫薇。其中以紫色為主，所以通常稱紫
薇。《學圃餘疏》即云：「紫薇有四種，紅、紫、淡紅、白，紫卻是正色。」
紫薇花姿、色俱佳，花瓣六枚，花瓣下部延生成爪，伸出翠綠色的花萼之
外，花瓣皺褶，數十枚雄蕊位於花中央，形似色彩豔麗的花籃，真是「盛夏

綠遮眼，此花紅滿堂」。

紫薇樹還有一個挺有趣的怕癢癢現象，如果你走到紫薇樹下，用手去撫摸一下那光滑的樹幹，其枝枝、葉葉、花花都會微微顫動起來，好像很怕癢的感覺，所以被稱為怕癢樹、癢癢花。《廣群芳譜》亦曰：「（紫薇）一名怕癢花，人以手爪其膚，徹頂動搖，故名。」根據紫薇的這一生長特徵，宋代詩人梅堯臣就有「薄薄嫩膚搔鳥爪，離離碎葉剪晨霞」，「薄膚癢不勝輕爪，嫩幹生宜近禁廬」的詩句。清代詩人陳維崧也曾寫有《定風波·紫薇花》詞，頗為趣味韻致，詞雲：

> 一樹曈曨照畫梁，蓮衣相映鬥紅妝。
> 才試麻姑纖鳥爪，嫋嫋。無風嬌影自輕颺。

紫薇又名猴刺脫，是說其樹身光滑，猴子也爬不上去，故稱。《酉陽雜俎》記曰：「紫薇北人呼為猴郎達樹，謂其無皮，猿不能捷也。」當然這是一種誇張說法。

中國是紫薇原產地之一，在中國已有 1000 多年的栽培歷史，在中國很多地區都有栽種。因其花開耐久，色豔爛漫，自古就受青睞。早在唐代開元年間，不僅種植於皇宮內苑、官邸寺院中，而且還把中書省改為紫微省，中書令改為紫微令，可見其待遇之高。因此它還得一別名「官樣花」，此名可能就是從這個官署之稱蛻變而來。《新唐書》載：「開元元年，改中書省曰紫微省，中書令曰紫微令。」原來，紫微在古代天文學中指紫微星垣，自漢代就用來比喻人世間的帝王居處。因唐朝的中書省即設在皇宮內，是國家最高的

政務中樞。恰巧，紫薇花與此「紫微」同音，僅在「薇」上多了一個草字頭。在唐代雖然把中書省改稱紫微省，中書令改為紫微令時間不長，但影響頗深，以至後來官場上凡任職為中書者均以別稱「紫微」冠名，如唐詩人杜牧當過中書舍人，便稱其為「杜紫微」、「紫微舍人」。南宋詩人呂本中亦當過中書舍人，他的一部詩話就題名為《紫微詩話》。

　　唐代大詩人白居易也曾作過中書舍人，好像與紫薇有著特殊感情，據《東坡詩注》云：「盧白臺前有紫薇兩株，俗傳樂天（白居易）所種。」他至少寫過三首紫薇花的詩。因紫薇花與官名有聯繫，所以歷代詩人多有歌詠。如宋陸游就有「鐘鼓樓前官樣花，誰令流落到天涯」。

　　紫薇花花期長，夏季六七月開花，一直開到深秋，花期長達百日，故又名「百日紅」，這是別的花所難以比擬的。難怪深得歷代詩人的賞識和贊詠。明代女詩人薛蕙有《紫薇》詩贊云：「紫薇開最久，爛漫十旬期。夏日逾秋序，新花續故枝。」

　　明代詩人、文學家楊慎也有一首寫紫薇而直接用《百日紅》來題名的詩，詩云：「朝開暮落渾堪惜，何以雕闌百日紅。」

　　紫薇樹是長壽樹，樹齡可達數千年以上，河南鄭州的綠博園中就有一棵近千年的紫薇樹，蘇州怡園中有一棵六百齡的紫薇樹。紫薇還可作盆景，蘇靈在《盆景偶錄》中把紫薇、虎刺、枸杞、杜鵑、木瓜、桃、蠟梅、天竹、山茶、石榴、翠柏、吉慶、梅桃、六月雪、羅漢松、鳳尾竹、梔子、西府海棠並列為花中「十八學士」。盆栽的紫薇，枝幹盤曲，樹身鼓突如肱，花容嫵媚，蒼勁中兼含秀麗。紫薇還是保護環境的可喜花卉，對二氧化硫、氟化氫等有毒物質和有害氣體有較強吸收能力和抵抗力。

　　紫薇花還有一個祥瑞、雅致的別名「滿堂紅」。為什麼人們喜歡在堂前
種植此花呢？就是取其喜慶、吉祥之意。因為紫薇象徵官職，古代文人沒有
不求功名的。特別是每到夏季，只見紫薇「一枝數穎，一款數花，每微風
至，妖嬌顫動，舞燕驚鴻，未足為喻」（《群芳譜》）。那一簇簇、一組組簇列
的花序，在熠熠陽光的照耀下，映紅滿堂，給人心情粲然一喜一亮之感。宋
詩人王十朋就有《紫薇》詩云：

　　　　盛夏綠遮眼，此花紅滿堂。
　　　　自慚終日對，不是紫微郎。

　　這首詩正是寫夏日盛開的紫薇花紅豔滿堂。可是詩人慚愧終日面對紫薇
花，卻沒有當上紫微郎，表達了古代文人熱衷於功名而未實現的苦悶。其
實，在封建社會，即使當上紫微郎又能怎麼樣呢？讀了該詩，真是別有一番
滋味在心頭。

曉卻藍裳著滿衫
——趣話牽牛花

　　秋晨，晨曦初露，雄雞唱曉，喚醒了攀緣於牆頭、籬邊的牽牛花，那一
朵朵小花像一支支小喇叭，在吹奏著無聲的晨曲，催人奮進！
　　牽牛花是大自然群芳譜中的一種奇特之花，別稱草金鈴、盆甑草、天

茄、朝顏等，因其花形似喇叭，俗名又稱喇叭花，是一種旋花科一年生纏繞草本植物。全株生有粗毛，葉互生，呈心形，常裂三片，故又稱裂葉牽牛；花腋生，有單瓣和復瓣，花冠可達 10 公分，花期為 6 至 10 月，一般清晨開放，午間閉合，朵大，似喇叭形；花雜色，色深者子黑，色淺者子白，故名黑白醜，生長於田間、山野、牆角、路邊。

牽牛花原為一種野花，經人工培植後方廣泛種植。李時珍《本草綱目》曰：「牽牛有黑白二種，黑者處處野生尤多。其蔓有白毛，斷之有白汁。葉有三尖，如楓葉。花不作瓣，如旋花而大。其實有蒂裹之，生青枯白。其核與棠梂子核一樣，但色深黑爾。白者人多種之。其蔓微紅，無毛有柔刺，斷之有濃汁。葉團有斜尖，並如山藥莖葉。其花小於黑牽牛花，淺碧帶紅色。其實蒂長寸許，生青枯白。其核白色，稍粗。人亦採嫩實蜜煎為果實，呼為天茄，因其蒂似茄也。」

牽牛花原產於中國，已有 2000 年歷史，原為野生，南朝宋雷 《雷公炮炙論》最先記有：「草金鈴，牽牛子是也。」陶弘景《名醫別錄》中亦曰：「此藥始出，由野人牽牛易藥，故以名之。」唐段成式《酉陽雜俎》又把它叫作盆甑草，即牽牛子也。結實後，斷之，狀如盆甑，其中有子似龜。到了宋代人們才把它從野地移入庭院、籬邊、田頭栽植，供欣賞。北宋畫家詩人文同就寫有一首《牽牛花》詩曰：「柔條長百尺，秀萼包千葉。」

到了明代，牽牛花還是野生的多，家養的經過培育又多了一種「白醜」，李時珍稱它為「天茄」，又稱「月光花」。

牽牛花很有特色，其花色有粉紅色、紫紅色、藍紫色、白色，隨時間不同而有變化。一般清晨開放時呈藍色，日出之後，就變成紫紅或粉紅色了。

　　牽牛花為什麼會變色呢？這是因為牽牛花瓣中含有鹼性的花青素，經太陽一照射，鹼性成分便變成了酸性，花的顏色也由藍變為粉紅色。

　　牽牛花的攀緣技術也是非常高明的。它只需要有幾根小繩，或一道竹籬，便會藤遊蔓走，不到幾天，即為你編織出一片綠色的簾幕，很是神奇。南宋詩人楊萬里正是抓住牽牛花的這些特徵，運用擬人手法，寥寥幾筆，就為我們勾畫出一幅大寫意的牽牛花圖，讓我們彷彿看到牽牛花正像一位活潑可愛的鄉村美少女，頭戴笠帽，身穿彩衫，吹著喇叭，在朝陽中笑臉迎接我們。

　　牽牛花在晨曦中開放，花色嬌美，儀態高貴，可惜它朝開即卒，很難留賞。宋代詩人秦觀有一首《牽牛花》詩云：「仙衣染得天邊碧，乞與人間向曉看。」

　　牽牛花不僅極富變化，朝開午斂，而且品種也多樣，花型有大花牽牛、小花牽牛，有平瓣、裂瓣、皺瓣、重瓣，花色有粉紅、紫紅、藍紫、白色等，其中以玫瑰紅色為牽牛家族中的翹楚，最為好看。其花開大如酒杯，邊沿形似荷葉，花冠質薄如紗，輕盈似娟，十分嬌艷美麗。

　　牽牛花還有一個獨特的生物個性，就是它的莖與其它攀藤花不相同，它左旋的莖總是按著逆時針走向旋轉而生。如果你想改變它的轉向，那是徒勞的，它始終不會屈服，總是按著自己既定的方向生長。

　　說起牽牛花的這種精神和牽牛花名字的由來，令人想起關於牽牛花的一個動人傳說故事。相傳在伏牛山中有座金牛山，山下住著一對姐妹。大姐 11 歲、小妹 9 歲時，父母因病早亡，家貧如洗，兩人相依為命，以耕種兩畝薄地為生。耕地需要牛啊，她們年齡小，既無牛，也不會耕種。每年除了鄉鄰

們幫忙外，姐妹倆也起早貪黑地幹。

　　一天，姐妹倆在鋤地時鋤出一支銀喇叭，驚喜異常。倆人正高興地欣賞這支銀喇叭時，一位白鬍子老人拄著拐杖走了過來，姐妹倆忙上前攙扶，老人對姐妹倆說：「這座金牛山中有一頭金牛，用這支銀喇叭到山頂上一吹，山門就會打開，可以用鞭子把金牛趕下山幫你倆和鄉親們耕種。可是，你們上山頂時，會遇上經常危害老百姓的蜈蚣、蟒蛇、蠍子等，你們必須打敗它們，才可以爬上山頂。不知你們害怕不害怕？我這裏有一條鞭子是趕金牛用的，你們可用這條鞭子作武器，它會幫助你們打敗對方。」姐妹倆聽後，都點頭齊聲說：「不怕，謝謝老爺爺！」她倆剛接過鞭子，老爺爺就忽然不見了。姐妹倆回到家中準備了一些上山用的工具和乾糧。

　　第二天，姐妹倆就出發了，開始登金牛山。當她倆爬到半山腰時，就遇見了一隻黑蜈蚣，足有六尺多長，身上長滿了腿，頭昂著向她們撲來。姐妹倆毫不畏懼，與蜈蚣打鬥起來。蜈蚣猛地撲倒了妹妹，姐姐想起老人的話，舉起鞭子向蜈蚣抽去，一下子就把蜈蚣打死了。但妹妹腿上受了傷。姐姐幫妹妹包紮好傷口，攙扶著妹妹繼續往山上爬。又爬了一會兒，走到一塊大石頭前，又見一隻蠍子舉著兩隻大鉗子有一丈多高，逼向她們。

　　有了上次的經驗，姐姐護著妹妹舉起鞭子猛地向蠍子抽去，僅一下子就打跑了蠍子。由於妹妹受傷太重，血流不止，疼痛難忍，姐姐一邊背起妹妹，一邊給妹妹鼓勁。等快到山頂時，一條大蟒蛇又張著血盆大口向她們衝來，姐姐把妹妹放在一棵大樹下，舉起鞭子英勇地與蟒蛇搏鬥。經過幾番血戰，姐姐也受了傷，但她帶著傷，終於消滅了蟒蛇。姐妹倆雖然消滅了這三種猛獸和毒蟲，但因受傷過重，流血過多，雙雙倒在大樹下，再也沒能起

來。不久，在姐妹倆倒下的地方長出兩棵青藤，互相纏繞，上面開滿了一朵朵喇叭似的小花，相傳這些喇叭花是由銀喇叭變的。這些花原為白色，凡是姐妹的血染過的都變成了紅色，紫色花也是由姐妹的血凝固後變成的。這裏的鄉親們為紀念姐妹倆，把這種花稱為牽牛花，並移回房前屋後種植。

古人還常把牽牛花與「牛郎織女」的傳說聯繫在一起。傳說牽牛花是織女思念丈夫牛郎和兒女的相思之花。

牽牛花不僅花色美，可供欣賞，種子還可入藥，有瀉濕熱和消積之功效，可治風毒、水腫腹脹、大小便不利、腳氣等。據傳，一農夫的孩子得了大腹病，久病不愈，有一大夫給他一散劑，服之痊癒。家人便讓孩子牽頭牛送去表示感謝，大夫堅持不要，說：「這藥就是從田邊採的野花草，還不知道叫什麼名字呢！這孩子牽著牛來的，就把這草藥叫牽牛子吧！」後來，陶弘景也說：「此藥始出，由野人牽牛易藥，故以名之。」牽牛子分黑牽牛子、白牽牛子，又名黑丑、白醜，以醜屬牛而隱其名。

牽牛子可以入藥，據傳，李時珍很善用此藥治病。有一宗室婦人，年已60歲，常年患有大便秘結，十多天才大便一次，十分痛苦。李時珍診斷後，讓她服牽牛子末皂莢膏丸，一次脹消便通。李時珍的外甥柳喬，耽於酒色，陰部腫痛，二便不通，晝夜呻吟，李時珍用牽牛子藥方，三劑而愈。

牽牛花色豔美，可供觀賞，種子可入藥，雖然平凡，仍深受人們的喜愛。中國的大教育家葉聖陶就非常喜歡這種平凡之花，他家院中栽種有10多盆牽牛花，他說藉此來鼓勵人們奮發圖強，自強不息。中國京劇藝術家梅蘭芳在北京的居處也栽有數十株牽牛花。由於他管理得好，其花大如碗，素淨

雅麗。大國畫家齊白石老先生還為之贈畫了一幅畫，題寫有：「百本牽牛如斗大，三年無夢到梅家。」此事在中國藝術界被傳為佳話。

中華文化思想叢書　A0100039

中國花木民俗文化　上冊

作　　者　李　湧
責任編輯　蔡雅如

發 行 人　林慶彰

總 經 理　梁錦興

總 編 輯　張晏瑞

編 輯 所　萬卷樓圖書股份有限公司
　　臺北市羅斯福路二段 41 號 6 樓之 3
　　電話 (02)23216565
　　傳真 (02)23218698

出　　版　昌明文化有限公司
　　桃園市龜山區中原街 32 號
　　電話 (02)23216565

發　　行　萬卷樓圖書股份有限公司
　　臺北市羅斯福路二段 41 號 6 樓之 3
　　電話 (02)23216565
　　傳真 (02)23218698
　　電郵 SERVICE@WANJUAN.COM.TW

ISBN 978-986-496-018-7

2017 年 7 月初版
定價：新臺幣 240 元

如何購買本書：

1. 劃撥購書，請透過以下郵政劃撥帳號：
　　帳號：15624015
　　戶名：萬卷樓圖書股份有限公司

2. 轉帳購書，請透過以下帳戶
　　合作金庫銀行　古亭分行
　　戶名：萬卷樓圖書股份有限公司
　　帳號：0877717092596

3. 網路購書，請透過萬卷樓網站
　　網址 WWW.WANJUAN.COM.TW

大量購書，請直接聯繫我們，將有專人為您
服務。客服：(02)23216565 分機 610

如有缺頁、破損或裝訂錯誤，請寄回更換

版權所有・翻印必究
Copyright©2016 by WanJuanLou Books CO., Ltd.
All Rights Reserved　　　　　**Printed in Taiwan**

國家圖書館出版品預行編目資料

中國花木民俗文化 / 李湧著. -- 初版. -- 桃園
市：昌明文化出版；臺北市：萬卷樓發行,
2017.07　冊；　公分. -- (中國文化思想叢書)
ISBN 978-986-496-018-7(上冊：平裝). --
1.花卉 2.民俗 3.文化研究 4.中國

435.4　　　　　　　　　　　106011191

本著作物經廈門墨客知識產權代理有限公司代理，由中原農民出版社有限公司授權萬
卷樓圖書股份有限公司出版、發行中文繁體字版版權。